# ANNALES AGRICOLES

DE

# LA SAULSAIE,

OU

MÉLANGES D'AGRICULTURE, D'ÉCONOMIE RURALE,
ET DE LÉGISLATION AGRICOLE,

PAR

## M. CÉSAIRE NIVIÈRE,

DIRECTEUR DE L'EXPLOITATION-ÉCOLE DE LA SAULSAIE,
PROFESSEUR D'AGRICULTURE A LYON.

### TOME 1er.

DEUXIÈME ÉDITION.

PARIS,

L. BOUCHARD-HUZARD, LIBRAIRE,
RUE DE L'ÉPERON, 7.

LYON,

CHEZ BARRET, LIBRAIRE, GIBERTON ET BRUN, LIBRAIRES,
PLACE DES TERREAUX, 20.     PETITE RUE MERCIÈRE, 7.

1841.

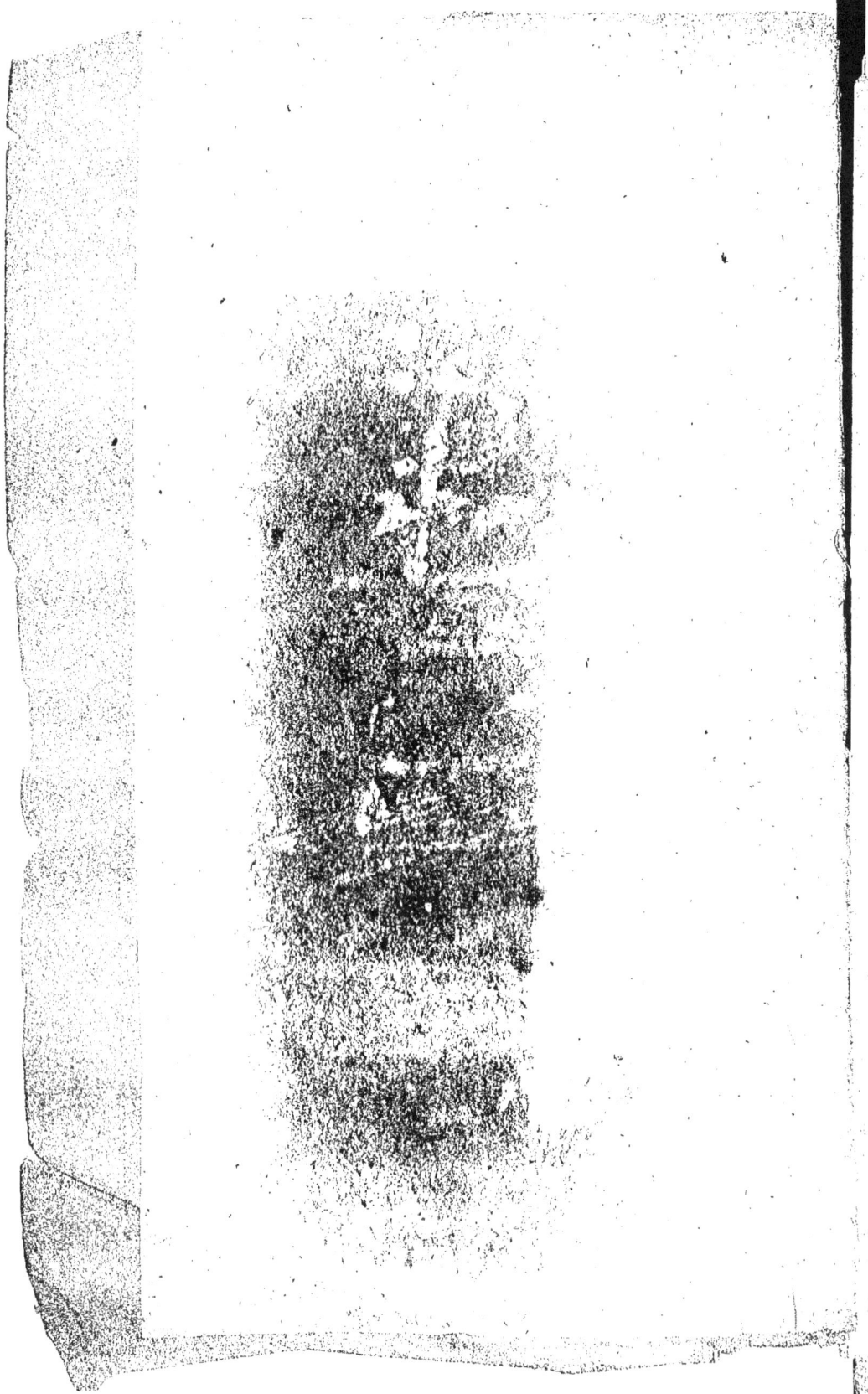

# ANNALES AGRICOLES
# DE LA SAULSAIE.

## TOME PREMIER.

3202/p

**PARIS. — IMPRIMERIE DE J.-B. GROS,**
Rue du Foin-Saint-Jacques, 18.

# ANNALES AGRICOLES

DE

# LA SAULSAIE,

OU

MÉLANGES D'AGRICULTURE, D'ÉCONOMIE RURALE,
ET DE LÉGISLATION AGRICOLE,

PAR

## M. CÉSAIRE NIVIÈRE,

DIRECTEUR DE L'EXPLOITATION-ÉCOLE DE LA SAULSAIE,
PROFESSEUR D'AGRICULTURE A LYON, PRÉSIDENT DU COMICE AGRICOLE DE LA DOMBES,
MEMBRE DE LA SOCIÉTÉ D'AGRICULTURE DE L'AIN,
CORRESPONDANT DE LA SOCIÉTÉ D'AGRICULTURE DE LYON,
ET DE L'ACADÉMIE DE TURIN.

TOME Ier.

———

DEUXIÈME ÉDITION.

PARIS,
CHEZ L. BOUCHARD-HUZARD, LIBRAIRE,
RUE DE L'ÉPERON, 7.

LYON,
CHEZ BARRET, LIBRAIRE,
PLACE DES TERREAUX, 20.

ET CHEZ GIBERTON ET BRUN, LIBRAIRES,
PETITE RUE MERCIÈRE, 7.

———

1841.

# AVERTISSEMENT.

Contraint par l'épuisement rapide de notre première édition, de reproduire la première livraison de nos Annales, nous avons cru utile de joindre à ce nouveau tirage quelques pièces déjà publiées, mais incomplétement connues. Ainsi, nous donnerons ici le Programme des conférences que nous avons faites à Lyon, en janvier 1839, un an avant notre nomination à la chaire d'agriculture; nous y joindrons aussi un petit Essai, publié avant notre départ pour l'Allemagne, sur l'école que nous projetions de fonder dans la Dombes; enfin, nous terminerons la livraison par un aperçu rapide du mode de comptabilité que nous avons adopté après de longs et consciencieux essais. Encouragé par la bienveillance que nous avons partout rencontrée, nous publierons bientôt la seconde livraison, qui renfermera de précieux documents recueillis pendant notre voyage en Allemagne.

# TABLE DES MATIÈRES.

# TABLE DES MATIÈRES

# PROGRAMME

DES

# CONFÉRENCES AGRICOLES

FAITES A LYON EN JANVIER 1859.

---

## § 1er.

L'agriculture, de même que toutes les autres industries, peut et doit faire obtenir un *produit net* qui donne
un intérêt suffisant du capital employé. Elle peut donc
*créer la richesse* comme les autres industries; mais elle
a cet avantage sur toutes, et principalement sur l'industrie manufacturière, de répartir cette richesse de la
manière la plus égale, et par conséquent la plus profitable à la société, dont le but est bien plutôt la plus
grande diffusion possible de l'aisance et du bien-être
sur le grand nombre, que l'opulence chez quelques-
uns.

## § 2.

De même que la fabrication industrielle est impossible sans une comptabilité, qui éclaire sur le prix de
revient de la matière fabriquée, de même il est impossible de se livrer, avec profit certain, à la culture des
produits si variés que peut fournir la terre, sans une
comptabilité, qui, en établissant le prix de revient, in-

1

dique qu'elle est la production à laquelle on peut s'attacher avec le plus d'avantages.

*Comptabilité agricole* (voir à la fin de la livraison).

## § 3.

Le premier besoin de l'homme qui consacre des capitaux à obtenir des productions de la terre, c'est que cette terre *ait de la fécondité,* c'est-à-dire qu'elle soit apte à produire des plantes.

Les plantes comme les animaux sont des êtres qui ont vie, qui sont pourvus d'organes et de vaisseaux dans lesquels circule un fluide, et qui, à l'aide d'une nourriture appropriée, développent une masse organique dans un temps donné.

De deux terres, la plus féconde sera celle qui, dans le même temps, aura produit la masse organique du poids le plus considérable, réduit à l'état sec ; et ce produit sera d'autant plus avantageux au producteur, qu'il sera plus recherché et d'un plus haut prix.

## § 4.

Les plantes ne se nourrissent qu'en absorbant, au moyen de leurs racines ou de leurs feuilles, les matières nutritives *liquides* ou *aériformes* que contient le sol ou l'atmosphère. Il faut donc que la matière alimentaire des plantes soit *soluble par elle-même dans l'eau,* ou réduite à l'état de solubilité par la *putréfaction* ou *combustion.*

§ 5.

*Dans quel rapport le sol, les matières organiques, les in-*
*fluences atmosphériques et les substances minérales con-*
*tribuent-ils à la croissance des plantes ?*

La terre proprement dite, cette partie de la couche
que pénètrent les racines des végétaux, qui ne peut être
décomposée et qui résiste à l'action du feu, n'entre pour
rien de sensible dans la végétation. Ainsi, elle n'y con-
tribue qu'en recevant et protégeant les racines des plantes, en conservant les sucs nutritifs, et nullement comme
matière nutritive elle-même.

La matière organique *morte* renferme tous les éléments dont sont composés les végétaux. Les débris de
matières organiques végétales ou animales renfermées
dans le sol à l'état de décomposition, forment donc par
eux-mêmes la nourriture la plus riche des plantes, et
d'autant plus riche, qu'ils contiennent plus de parties
constituantes nécessaires à ces dernières pour se compléter et se nourrir, ou bien encore, déterminent, par la
réaction, la production et l'assimilation des aliments
pris en dehors de ces débris.

> Les substances animales composées d'hydrogène, de carbone,
> d'oxygène, d'azote, de phosphore, de soufre, d'alcali, de chaux,
> principes que l'analyse a aussi découverts dans les plantes, sont
> plus nourrissantes que le bois qui n'est composé que d'hydrogène,
> de carbone d'oxygène, de corps alcalins et de terre.

Outre la matière organique considérée comme aliment ou réactif, les plantes ont aussi besoin *d'eau, d'air atmosphérique, de chaleur et de lumière.*

Certaines matières, qui se rencontrent dans la composition des végétaux et qui ne proviennent pas toujours de la dissolution des corps organiques, peuvent être comprises dans la classe des éléments nutritifs des plantes. Telles sont principalement, parmi les substances minérales, le *gypse* ou *plâtre*, la *chaux carbonatée*, la *silice*, les *cendres*, etc. L'expérience a prouvé que tous ces corps favorisent le développement des végétaux.

Bien que ce soit principalement comme stimulants et dissolvants que les substances minérales agissent, cependant comme elles entrent lors de cette action dans les végétaux, où on les rencontre comme parties intégrantes, elles doivent être considérées en partie comme nutritives, en partie comme aidant à la nutrition.

Toute matière susceptible d'alimenter directement les végétaux prend le nom d'*engrais.*

*Engrais* 
- Animaux.
- Végétaux.
- Atmosphériques.
- Minéraux.

Mais l'engrais atmosphérique n'est pas à la disposition de l'homme.

Ce que les matières minérales fournissent d'elles-mêmes à l'absorption des plantes est trop peu de chose pour pouvoir remplacer le défaut d'aliments nutritifs, résultat de la décomposition ou de la réaction des matières organiques végétales ou animales; d'ailleurs, c'est l'abondance de ces matières qui détermine la plus grande activité des engrais atmosphérique et minéral.

## § 6.

C'est donc bien réellement l'engrais, résultat de la matière organique morte et décomposée, qui importe au plus haut point à la production agricole considérée comme industrie devant donner un produit net. Le produit d'une terre cultivée est, toutes choses égales d'ailleurs, en proportion directe avec la quantité des débris organiques susceptibles de décomposition qu'elle contient naturellement, ou qui lui ont été incorporés par l'homme.

Comme la production agricole, dans les circonstances les plus ordinaires, doit avoir lieu sur des terres appauvries des débris organiques par les végétations successives des plantes, presque toujours imprudemment enlevées du champ, ce qui importe par-dessus tout au producteur agricole, c'est l'abondance de l'engrais qu'il lui est possible de fabriquer avec les moyens dont il dispose.

## § 7.

L'engrais qui est le plus particulièrement dans ce cas, c'est l'engrais mixte *végéto-animal*, que l'on peut obtenir dans les circonstances de culture, de sol et de climat les plus variées, en faisant consommer par les animaux les plantes fourragères.

Les plantes fourragères enfouies vertes sans avoir passé par le corps

des animaux, font un bon engrais, mais dont la plus haute effica-
cité est déterminée par la plus forte fumure du sol en engrais
d'étable.

On donne le nom de *fumier* aux excréments animaux
et à tout ce qui s'y trouve mêlé avant et au moment
de leur emploi. Le fumier ne prend le nom d'*engrais*
que lorsque la fermentation putride a enlevé leur consistance aux parties végétales qui y sont mêlées.

Différentes manières de recueillir, fabriquer et employer le fumier d'étable ; avec ou sans litière ; avant
ou après fermentation.

Dans quelles circonstances convient-il d'employer
l'une ou l'autre de ces différentes méthodes?

Mode d'alimentation du bétail : construction d'étables la plus convenable pour la bonne et économique
confection du fumier.

*Prix de revient des différents fumiers d'étable.*

## § 8.

Toutes les plantes ne font pas une égale consommation de l'engrais du sol : les unes l'épuisent, les autres
y ajoutent plus ou moins.

Dans quelle proportion les plantes les plus usuelles
consomment-elles l'engrais ?

L'engrais que renferme naturellement le sol ou qui
lui est incorporé par l'homme, est appelé *richesse* par
la science.

Le chimiste peut faire venir et mûrir les plantes
dans un sable dépouillé de tout engrais par le feu ;

mais l'homme, qui veut et doit retirer un intérêt de l'argent qu'il consacre à l'agriculture; ne peut pas cultiver *sans engrais*.

Résultat pécuniaire de la culture sans engrais.

## § 9.

Les matières organiques végétales ou animales ne peuvent servir à l'alimentation des plantes que lorsqu'elles sont à l'état *d'humus soluble* dans l'eau.

La matière organique morte devient soluble par une décomposition graduelle. Il n'y a que les substances décomposées et isolées des combinaisons formées par la vie, qui constituent le véritable humus et peuvent alimenter les autres plantes.

Les plantes, qui ne sont pas douées comme les animaux de locomobilité pour aller chercher leur nourriture, ni d'estomac pour la modifier et se l'assimiler, ne peuvent introduire dans leur intérieur, au moyen des vaisseaux absorbants des racines et des pores des feuilles, que la nourriture préparée par la décomposition, et charriée à leur portée par l'eau ou par l'air.

La terre est pour les plantes ce que l'estomac est pour les animaux : ce que la salive, le suc gastrique opèrent dans l'estomac, la *décomposition* l'opère dans le sol.

De même que les aliments les plus abondants ne produisent aucun effet sur un animal dont les organes de digestion sont trop faibles ou malades, ainsi pour

les plantes la nourriture la plus copieuse est sans résultat dans une terre où la *décomposition* ne peut s'opérer.

## § 40.

Cette décomposition n'a lieu que sous des conditions
extérieures déterminées, qui sont un certain degré *de
chaleur, d'humidité et d'air atmosphérique.*

L'humus sous forme pulvérulente ne peut pénétrer
dans le tissu des plantes, il faut qu'il subisse une nouvelle transformation qui ne s'opère que successivement,
et qui exige avant tout la présence de l'oxygène. Sous
l'influence de *la chaleur,* de *l'humidité* et de *l'air* dont
l'humus attire avidement l'oxygène, il se forme deux
substances, savoir : une matière soluble et l'acide car-
bonique ; ces deux substances forment la véritable
nourriture des plantes.

Si un seul des agents de décomposition vient à manquer, la décomposition ne peut avoir lieu ; si l'un des
deux, au contraire, ou plusieurs existent dans un rapport trop grand ou trop petit, la décomposition s'opère
plus lentement et son effet est absolument différent de
ce qu'il aurait été, si ces agents eussent concouru dans
une proportion convenable.

## § 41.

Plus l'influence de ces agents de décomposition est
grande, plus vite et plus complétement s'opère la décomposition de l'humus et la préparation de la nour-

riture des plantes; mais par là même plus vite et plus complétement aussi cette nourriture est épuisée.

Ce n'est pas le prompt épuisement de l'humus qui doit être le but d'une culture raisonnée, mais *sa solubilité proportionnellement aux besoins et à la vitalité des plantes.*

Or, comme dans certains terrains trop légers, trop perméables, l'humus se décompose trop promptement, et trop lentement au contraire dans certains autres trop argileux, trop fermés aux influences atmosphériques, agents de décomposition; le but d'une culture bien entendue doit être d'agir sur ces différentes natures de terre par tous les moyens qu'indique la science, afin que l'humus n'y devienne soluble *qu'au fur et à mesure des besoins des plantes.*

Moyens de retarder ou de hâter le solubilité de l'humus dans les différentes natures de terre.

De même qu'on a appelé *richesse du sol* l'engrais que celui-ci renferme, de même on a appelé *puissance du sol* la propriété que celui-ci a naturellement ou qui lui a été donnée par la culture, de se laisser pénétrer par les influences atmosphériques, agents de décomposition, dans les proportions les plus convenables, pour que la nourriture des plantes, contenue dans le sol, fût toujours élaborée (*rendue soluble*) au fur et à mesure de leurs besoins, mais jamais au-delà de ces besoins.

Tout mode de culture qui donnera de la consistance au sable et de l'ameublissement à l'argile, élèvera leur *puissance.*

## § 12.

De même qu'il y a des plantes qui épuisent l'engrais (*la richesse*) et d'autres qui y ajoutent ou la ménagent, de même il y a des plantes qui *détériorent la puissance* du sol et d'autres qui l'*améliorent*.

Quelles sont les plantes qui améliorent la puissance du sol? Quelles sont celles qui la détériorent?

## § 13.

La fécondité d'une terre, c'est-à-dire son aptitude à produire des plantes, est d'autant plus élevée que cette terre contient *plus d'engrais convenablement soluble*.

Mais en supposant qu'on puisse noter le degré de *richesse* d'une terre sous le rapport de l'engrais qu'elle contient, et le degré de convenable solubilité de cet engrais, c'est-à-dire de la *puissance* (résultat que la science a obtenu), si nous supposons que la puissance soit                            6

Et la richesse                                          100

——————

La fécondité ne sera pas 106, mais       600

La fécondité est le résultat de la puissance *multipliée* par la richesse. Quand l'un des facteurs est 0, le résultat est nul.

## § 14.

Le degré auquel on peut porter la puissance et la richesse d'un sol est limité par la nature de ce sol.

Différents poids de fumier que peuvent supporter les différentes natures de terre ; *pauvre* ou *riche, terre à froment, terre à seigle, terre à céréales de printemps.*

En augmentant la puissance d'un sol, on a la possibilité de le fumer plus fortement. La puissance et la richesse poussées à leurs dernières limites ont pour résultat la fécondité la plus élevée.

Moyens d'augmenter la puissance du sol donnés précédemment.

On augmente la richesse par la culture des plantes fourragères : celle des plantes fourragères pérennes surtout, donne le moyen de l'élever à son plus haut degré.

Preuve tirée de la comparaison de plusieurs cours de récoltes avec ou sans fourrages pérennes.

## § 15.

Lorsque nous entreprenons la culture d'un champ, il est rare que celui-ci ne contienne pas une réserve d'engrais ancien appelé *arrière-graisse* par les Flamands, et *richesse naturelle* par la science, à l'aide de laquelle on peut à la rigueur obtenir des productions sans nouvelle fumure. Mais l'emploi répété de ce moyen extrême amène bientôt la stérilité presque complète.

Lorsque l'on a porté son terrain au degré de puissance convenable, et qu'en y mettant des engrais on a créé une fécondité qui a fait obtenir une succession de récoltes telle que le capital employé a produit un intérêt élevé ; si l'on veut maintenir la terre toujours capable d'en produire de semblables , toujours également fertile , il faut, indépendamment des soins convenables pour ne pas laisser le sol se détériorer, *proportionner la fumure à l'exigence des plantes que ramènera le cours suivant.* L'oubli de cette règle non-seulement amènera la stérilité , mais mettra le cultivateur dans l'impuissance de créer une fertilité nouvelle.

Quel poids de fumier normal est nécessaire pour la production des diverses plantes ?

### § 16.

Le travail nécessaire pour augmenter la puissance d'un sol , la création des engrais au moyen de la culture des plantes fourragères, l'emploi de ces engrais nécessiteraient souvent des dépenses hors de proportion avec les moyens dont dispose le cultivateur, et élèveraient le prix de revient de ses produits de manière à ne lui laisser aucun bénéfice net , s'il voulait faire ses cultures , créer ses fourrages , satisfaire à l'exigence de ses plantes sous le rapport de l'engrais, sans s'aider des moyens économiques que donne la science, résultat de l'observation des faits.

### § 17.

Ces moyens sont les assolements, ou l'art de faire se succéder les récoltes dans l'ordre le plus convenable. — *Résumé* (à la suite).

Assolements imaginés :

1° Pour obtenir les cultures au meilleur marché, parce qu'ils permettent de les répartir de la manière la plus favorable dans les différents moments de l'année, et de telle sorte que l'une serve de préparation à l'autre ;

2° Pour maintenir le sol le plus longtemps *puissant* (avec les cultures premières données) au moyen de l'intercalation des plantes *améliorantes* parmi les plantes *détériorantes ;*

3° Pour maintenir le sol le plus longtemps *riche* (avec première fumure donnée) au moyen de l'intercalation parmi les plantes épuisantes des plantes enrichissantes dont les détritus valent un certain poids de fumier.

A quel poids de fumier frais équivaut la richesse laissée dans le sol par diverses plantes ?

Assolements inutiles 1° là où les engrais sont abondants et à bon marché, et où la vente avantageuse de production d'un haut prix couvre les frais des cultures les plus coûteuses : témoin la culture des jardins ;

2° Chez les peuples nouveaux, là où l'abondance et l'étendue des terres permettent d'abandonner les champs épuisés pour transporter les cultures sur d'autres terres vierges ou reposées.

Mais dans l'état actuel et général de la culture de notre vieille Europe, la connaissance de l'art des assolements est indispensable au cultivateur.

Revue des différents assolements connus.

Conditions qui font les bons assolements.

La première de toutes, c'est de donner de forts produits sans laisser la terre plus épuisée d'engrais, à l'expiration du cours de récoltes, qu'elle ne l'était quand ce cours a commencé. L'assolement le plus parfait sous ce rapport est celui qui, en finissant, laisse le plus de richesse dans la terre : condition qui ne peut s'obtenir qu'au moyen d'une abondante production de fourrages.

Examen d'un assolement de treize ans sous le rapport de la richesse qu'il laisse dans le sol.

## § 18.

Etant donné, l'assolement remplissant le mieux les conditions voulues, principalement celle d'élever la fécondité au moyen des fourrages et des cultures appropriées à la nature du sol, le produit net sera d'autant plus élevé :

1° Que les fourrages produits par l'assolement et consommés par le bétail seront mieux payés par ce dernier.

Prix auquel différents animaux, le plus communément nourris dans une exploitation rurale, paient le fourrage ;

2° Et que les cultures qu'exige cet assolement seront faites de la manière la plus économique.

Labours, hersages, etc.

Description d'un mode de labour employé dans un assolement de treize ans et jugé le plus convenable pour élever la puissance d'un sol profond à son plus haut degré, et cependant aux moindres frais possibles.

Cet assolement ou ses analogues dans les diverses natures de terres et dans les différentes circonstances de culture élève en même temps à un haut degré la richesse du sol.—*Voyez* § 17.

## § 19.

On peut donc, en l'appropriant au terrain et aux circonstances de culture dans lesquelles on se trouve, espérer d'approcher le but que doit se proposer toute entreprise agricole qui emploie des capitaux.

Le produit net le plus élevé, mais aussi le plus durable.

## § 20.

Recherche de ce produit dans les différents systèmes de culture.

---

### RÉSUMÉ.

| | | |
|---|---|---|
| Point de productions sans *engrais.* | Donc nécessité de cultiver beaucoup de fourrage et de paille, matériaux d'engrais les plus ordinaires. Nécessité d'avoir du bétail pour opérer la conversion de ce fourrage et de cette paille en *engrais.* | *Engrais.* |
| Point de productions sans engrais *solubles.* | Donc nécessité des bons labours et des cultures ameublissantes. Nécessité des bêtes de travail pour opérer économiquement ces cultures. | *Labours.* |

16

Point de productions à bon marché, c'est-à-dire qui paient un intérêt suffisant des capitaux qu'on emploie à cette production,

1° Si les engrais indispensables sont trop chers ;

Donc nécessité que les fourrages et pailles consommés par le bétail produisent en sus du fumier quelqueautre valeur : *viande*, *laine*, *lait ou travail*, que l'on puisse déduire du prix de revient du fumier ; et conséquemment nécessité de choisir pour faire consommer les fourrages, l'espèce de bêtes qui crée le plus de ces valeurs, et des valeurs d'un plus haut prix.

*Choix des animaux domestiques.*

2° Si l'on ne cultive que des plantes qui, empruntant toute ou presque toute leur nourriture au sol, pour atteindre à un certain poids, nécessitent l'application dans le sol d'un poids égal d'autres plantes dont la production a consommé aussi un poids de matières organiques égal au leur ;

Donc nécessité pour économiser l'engrais, d'intercaler le plus possible des plantes qui, n'empruntant à la terre qu'une partie de leur nourriture, lui restituent autant et quelquefois plus que cette partie consommée.

*Assolements.*

3° Si l'on cultive en trop grande proportion les plantes dont le mode de végétation détériore la puissance du sol.

Donc nécessité d'intercaler les produits qui, semés ou plantés à de larges intervalles, permettent les cultures économiques et multipliées qui développent la puissance du sol.

*Engrais* abondants à bon marché, *bons labours* et *choix* bien entendu de cultures; c'est là toute la science de l'agriculture.

# DE L'ÉTABLISSEMENT

D'UNE

# ÉCOLE D'AGRICULTURE

## DANS LES DOMBES.

Publié en 1839, avant le départ de l'auteur pour l'Allemagne.

L'agriculture française a été longtemps éminemment productrice de grains ; telle est encore celle de tous les pays de grande culture où les céréales alternent avec la jachère.

Lorsqu'à une époque reculée cette agriculture remplaça, en France, l'agriculture pastorale, elle était en parfaite harmonie avec l'état des choses, avec les moyens de culture et les besoins de la population.

Les herbages et les bois à pâturer encore nombreux à cette époque rapprochée de la culture pastorale, aidaient, de concert avec le repos périodique, à maintenir la terre dans un état de fertilité qui assurait le succès d'une abondante production de céréales. Quand celles-ci n'étaient pas obtenues sur le défrichement d'un gras pâturage, elles provenaient d'un sol qui, tous les trois ans au moins, recevait une jachère fumée.

Tant qu'avec le maintien des prés les charges de culture ont été faibles, les impôts légers, les besoins du luxe inconnus, les objets de vêtement simples et à

2

bon marché , les loyers des terres peu élevés, d'abondantes céréales qui n'avaient à supporter presque pour
unique frais de culture que deux années d'un loyer
insignifiant, étaient obtenues à un prix bien inférieur
à celui de la vente. Dès lors bénéfice pour le producteur, dès lors aussi achat et conservation des grandes
propriétés , résultat d'un fermage toujours facile et
bien payé. Dans cet état, les produits animaux, beaucoup plus abondants que de nos jours, relativement à
la population à nourrir et à habiller, étaient d'un prix
peu élevé.

Mais à mesure que la population augmenta , la nécessité d'augmenter simultanément les subsistances fit
défricher les bois, les prés et les pâturages pour en
faire des terres arables : et, par suite, diminua le be-
tail à un tel point que, dans beaucoup de contrées, il
se borna aux animaux de trait nécessaires à l'exploitation et aux besoins imminents du laboureur. C'est
dans des circonstances semblables que les vallées de
la Dombes, naguères en prairies , durent être converties en étangs. La jachère , au lieu d'être fumée tous
les trois ou six ans, ne put plus l'être que de loin en
loin. Dans quelques pays de grande culture elle ne le
fut presque jamais, ainsi qu'il arrive de nos jours dans
la Dombes, où quelques champs privilégiés à l'entour
de la ferme absorbent tout le maigre fumier produit
par les chétifs et rares animaux auxquels la paille laisse
tout juste assez de forces pour pouvoir mener lentement à fin le faible travail de la jachère. De cet état de

choses dût résulter nécessairement un épuisement du
sol tel, qu'aujourd'hui, dans les pays dits *de grande
culture*, on ne récolte en moyenne que quatre fois la
semence, tandis que cette moyenne est de dix dans
les localités souvent moins favorisées sous le rapport
du sol, mais qui ont adopté une culture plus rationnelle.

La conséquence nécessaire d'une production moins
abondante de céréales avec les mêmes cultures, devait
être une notable augmentation dans leur prix de revient, lors même que les frais d'exploitation n'auraient
pas été plus élevés. Mais quel ne doit pas être ce prix
maintenant que toutes les charges qui pèsent sur l'exploitant ont plus que doublé, loyers, impôts, gages de
domestiques, vêtements; maintenant qu'un demi-hecto-
litre de blé suffit à peine pour l'achat d'une paire de
souliers. Il résulte de recherches positives, de statistique agricole, que l'hectolitre de blé que le cultivateur
de céréales vend f. 18 lui revient à f. 24, en mettant
à la charge de ce blé, unique production du sol dans
la culture céréale, le loyer de la terre, l'impôt, les
frais d'exploitation et d'engrais, ainsi que l'intérêt du
capital du fermier et les bénéfices raisonnables auxquels
il a droit. C'est parce que, en général, nos pauvres fermiers renoncent à cet intérêt et à ce bénéfice que nous
voyons la production des céréales continuer malgré ce
triste résultat. Aussi le moment n'est-il pas loin où les
propriétaires des grandes terres qui s'obstinent à la
culture exclusive des céréales ne trouveront plus de

fermiers. Aussi seront-ils bientôt réduits partout, comme en Dombes, à la triste nécessité du métayage ; aussi les voyons-nous, impuissants qu'ils sont à retirer un produit net de leurs terres avec le système de culture actuel, les vendre en détail et démolir ainsi de leurs propres mains la grande propriété au profit de la petite qui seule peut acheter, parce que connaissant mieux les forces du sol sur lequel elle vit, elle a instinctivement le bon sens d'appliquer tous les bras et les capitaux dont elle dispose à améliorer ses méthodes de culture.

Il y a là, à mon sens, un grand mal : d'abord, parce que les capitaux, produit des ventes, vont trop souvent s'abîmer dans le goufre des spéculations industrielles et de l'agiotage ; ensuite, si nous devons applaudir à la division des propriétés, fruit providentiel de nos commotions politiques, nous devons aussi, dans un intérêt bien entendu de haute civilisation, désirer que les grands domaines qui subsistent, tout en restant accessibles à chacun, se maintiennent à l'état de grandes terres. L'extrême division de la propriété amènerait forcément la culture du sol par chaque propriétaire ; mais où en serions-nous si chacun était obligé de cultiver son champ de ses propres mains, où en seraient les arts et les sciences dont la pratique demande le loisir ? Sans doute le sol serait forcé de livrer toutes ses richesses, mais comment serait possible la culture de l'intelligence qui importe autant à la vie des sociétés qu'à celle de l'individu qui pressent ses destinées futures ?

Dans l'état actuel des choses, si l'on veut que la grande culture ait des profits et des fermiers, si l'on veut que les capitaux apportés par ces derniers, ainsi que leurs bénéfices raisonnables, soient en rapport avec les bénéfices de la petite culture et avec l'intérêt que produisent les capitaux mobiliers, il n'est qu'un moyen, c'est de se hâter de modifier complétement un système qui a pu être bon tant que les circonstances lui ont été favorables, et qu'il a été pratiqué par tous; mais qui aujourd'hui, sous l'empire de circonstances entièrement différentes, laisserait le propriétaire et l'exploitant des grands domaines dans un état toujours croissant d'infériorité relative et sans aucun produit net. Ce n'est pas un simple conseil que je leur donne ici, c'est une question d'être ou de n'être pas que je les prie d'examiner sérieusement.

Tandis que le prix des céréales est encore le même qu'il était il y a cent ans, les produits animaux et la viande particulièrement ont plus que doublé par deux causes qui réagissent l'une sur l'autre; la 1<sup>re</sup> est, avec l'accroissement de la population, l'aisance qui devient plus générale, et qui tendent l'une et l'autre à en augmenter la consommation; la 2°, le morcellement des grandes terres, que nous avons tous vu s'accomplir sur une vaste échelle, et qui a consommé la destruction de ce qui restait de prés secs et de pâturages; qui ne sait, en effet, qu'un grand domaine divisé voit bientôt ses prairies non irriguées converties en chenevières, en champs de colza et de blé, parmi lesquels apparaît rarement le trèfle et plus rarement encore la luzerne et les fourrages de longue durée, et que là où se nourrissaient de nombreux troupeaux de moutons on ne voit plus que productions à porter au marché.

Les moyens de faire de la viande et autres produits animaux diminuent donc avec la division des propriétés, qui précisément les fait rechercher davantage en favorisant l'accroissement de la population et en lui donnant plus d'aisance.

C'est donc à obtenir ces riches produits que doit s'attacher la grande culture, soit en recréant les prairies, soit en introduisant, dans les assolements, la culture des plantes fourragères qui, indépendamment des riches récoltes qu'elles donnent, enrichissent par leurs détritus le sol qui les a portées. Au moyen de produits animaux les engrais seront augmentés et, par conséquent, les blés plus abondants. Ainsi en Angleterre où par la perfection des assolements, on est parvenu à nourrir d'immenses troupeaux, et, par suite, à pouvoir disposer d'énormes masses d'engrais, la production des céréales est infiniment plus forte proportionnellement qu'en France. Tandis que chez nos voisins 50 hectares suffisent à la subsistance de 140 habitants, en France la nourriture nécessaire au même nombre en exige plus de 100.

Quand les produits animaux concourront avec le blé à l'acquittement des frais de culture communs, celui-ci coûtera beaucoup moins cher au producteur, et, par conséquent, son prix de vente, en ne le supposant même pas plus élevé qu'il ne l'est aujourd'hui, lui laissera un bénéfice maintenant inconnu au cultivateur exclusif de céréales. Ainsi dans le nord de la France, qui se distingue depuis longtemps par l'excellence de ses assolements et la culture des plantes fourragères, la population est en même temps et plus abondante et plus aisée, bien que le prix du blé y soit habituellement moins élevé que dans le midi.

La grande culture a d'autant plus d'intérêt à se livrer à la création des produits animaux que, sur son terrain à vastes espaces, elle ne craint pas de rencontrer la petite culture, qui, pour tous les autres produits, lui fait une concurrence redoutable. Que cette dernière, qui a relativement et plus de monde à nourrir et plus de bras à employer, retienne à elle la culture des légumes, du chanvre, des lins, des colzas, des blés, se succédant chaque année et sans fin dans des enclos qui seraient bientôt épuisés sans les engrais recherchés au loin, et dont la récolte ne laisse un bénéfice que parce que le petit cultivateur ne compte ni ses journées ni l'intérêt de ses capitaux. Aux grandes terres, au contraire, les vastes prairies qui diminuent les espaces à labourer, et par conséquent les frais de culture; aux grandes terres la large et simple alternance des céréales qui épuisent le sol avec les fourragères qui l'enrichissent sans transports d'engrais étrangers; à la grande culture enfin le revenu net au moyen des produits animaux dont la valeur élevée arrive en déduction des frais de production des autres denrées; là, et seulement là, est pour elle le port du salut.

Le maintien des étangs en Dombes force ce pays à la continuation du système ruineux de culture exclusive, de céréales : 1° parce que les étangs occupent tous les bas-fonds, seuls convenables aux prairies naturelles ; 2° parce que la fièvre qui est la conséquence de la conservation des étangs ne laisse sur le sol de Dombes que juste la population nécessaire pour suffire aux pauvres cultures de la jachère et à la pêche des étangs.

Et cependant l'avenir de la Dombes au sol profond et d'une culture facile est de rivaliser un jour de richesse avec les fertiles contrées qui l'avoisinent et dont la plupart, d'une nature de sol identique, ne sont riches que depuis qu'elles ont pu s'affranchir de leurs étangs. Il semble qu'il y ait dans les esprits un pressentiment de cet avenir réservé à cette contrée aujourd'hui désolée par le fait de l'homme, si l'on en juge par l'empressement que de riches capitalistes mettent à devenir propriétaires en Dombes (depuis cinq ans il a été vendu dans le pays d'étangs pour plus de 6 millions de propriétés) ; à en juger encore par l'accroissement de valeur que prennent les terres situées dans la limite du pays d'étangs et qui par cela ont la possibilité de pouvoir être desséchées. Tel domaine vendu il y a huit ans 500 mille fr., a été acheté, quatre ans après, 1 million, et aujourd'hui 1,500 mille fr. en corps de domaine et 3 millions en parties brisées.

Mais cette élévation dans le prix d'achat des terres de Dombes, si l'on y maintient le même système de culture céréale, n'aboutira qu'à faire hausser le prix de leur loyer, par conséquent à augmenter le prix de revient des céréales, leur unique production, par conséquent encore à pousser à son dernier terme la misère du fermier et par suite à rendre toute culture impossible. — Heureusement pour elle qu'il est une autre marche à suivre, commandée impérieusement par les circonstances actuelles, marche que j'ai indiquée en commençant et que la disposition des lieux rendra facile en ce pays plus que dans tout autre.

Le premier pas que devra faire dans cette voie nouvelle l'exploitant d'un domaine de Dombes, sera de vider les étangs qui occupent ses plus riches vallées, ouvrir profondément ce sol qui recèle des richesses végétales et animales accumulées par la culture d'inondation, l'exposer par des labours bien entendus aux influences atmosphériques, qui, favorisées et multipliées par l'effet des amendements calcaires, rendront soluble et par conséquent utile tout cet engrais séculaire. Cette première richesse trouvée dans le sol sera employée à le convertir en prairies de graminées, que l'action de la chaux garnira de riches légumineuses. Quand ce premier point sera obtenu, l'entretien d'un bétail nombreux aura décuplé la masse des engrais, à l'aide desquels l'exploitant, riche de capitaux nouveaux par la vente de ses produits animaux, pourra songer à introduire, dans la culture de ses terres arables, les assolements avec fourrages. C'est alors que, tout en poussant jusqu'à leur dernière limite l'élève et l'engraissement du bétail, répudiés chaque jour forcément par

les jardiniers de la Saône et du Rhône, il pourra attendre patiemment qu'une main-d'œuvre nouvelle ap-
pelée par le desséchement se soit équilibrée avec des
besoins nouveaux, et que son sol se soit assez enrichi
pour pouvoir, au moyen d'excédents d'engrais, arriver
à la culture des riches plantes de commerce.

Alors, et seulement alors, en supposant cette marche
imitée et suivie servilement, sonnera pour la Dombes
l'heure des chanvres, des colzas, des mûriers en culture
régulière; et qu'on ne vienne pas dire que la nature
de son sol s'y refuse; tout près des magnifiques céréales
sur trèfle de M. Guichard, j'ai vu et touché du doigt,
chez M. Greppo, de véritables prés d'embouche, dans
des étangs desséchés; chez M. Digoin, des vignes au vin
généreux; chez M. Bodin, dans des terres de 1,500 fr.
l'hectare, une luzerne et des colzas qu'envierait la plaine
de Montluel, dont l'hectare ne se vend plus au-dessous
de 10,000 fr., et tout cela sur le pur terrain blanc qui
ne demande, pour pouvoir rivaliser avec les terres les
plus fertiles, que ce qui fait la fertilité, les engrais, et
par conséquent *les prés*.

Quand donc s'ouvrira pour les Dombes cet avenir si
souhaitable?... Quand entrera-t-elle dans cette voie
nouvelle où le premier pas doit être la non retenue des
eaux des étangs, aujourd'hui source de maux sans compensation?

La Société d'agriculture de Trévoux a sagement
pensé qu'un exemple heureux, donné dans ce pays, ferait atteindre le but désiré plus promptement et plus

prudemment surtout qu'une mesure forcée et générale
de videment, qui, sans pouvoir augmenter instantané-
ment la population de la Dombes, imposerait tout à
coup à ses pauvres métayers une surface triple à cultiver, et un triple cheptel avec des constructions considérables à des propriétaires riches, il est vrai, mais
encore sans foi dans les ressources d'une culture meilleure. Dans cette pensée, elle a formé auprès du conseil
général une demande pour qu'il avisât au moyen de
créer sur la limite du pays d'étangs, là seulement où
le videment volontaire est possible, non loin de Lyon,
c'est-à-dire sous les yeux des propriétaires de la Dombes,
une ferme école, dont la mission serait non seulement
de donner l'exemple d'une culture productive sans
étangs, mais de former sur le sol de Dombes, et pour
la Dombes, ce large espace de quarante lieues carrées, de jeunes fermiers actifs et intelligents, qui seraient à la disposition des propriétaires, convaincus et
convertis par les résultats écrits dans une comptabilité
sévère, tenue pour ainsi dire à ciel ouvert. — Elle a
pensé que la volonté énergique et l'intérêt surtout de
jeunes fermiers, enseignés sur un sol identique à celui
de toute la Dombes, dans une ferme qui aurait réalisé
des bénéfices sans étangs, feraient tomber plus de
chaussées que les ordonnances désirées par les uns et
repoussées par les autres. Sans doute que le conseil
général, et mieux encore le gouvernement, éclairé par
lui, favoriseront de tous leurs moyens une mesure qui
doit avoir pour résultat de rendre la vie à un pays dé-

solé, en fermant une plaie que l'aspect des riches contrées voisines rend chaque jour plus hideuse ; de doter
le pays d'une nouvelle Flandre, dont les produits enri
chiront et les particuliers et le trésor public ; et, enfin,
d'ouvrir une nouvelle et large carrière à cette jeunesse
que dévorent nos grandes villes , ou qui s'allanguit
étouffée dans les étroits passages qui conduisent aux
administrations publiques. L'empressement avec lequel
un administrateur éclairé a accueilli un projet dont il
avait lui-même depuis longtemps conçu la pensée, est
une garantie certaine qu'il en favorisera l'exécution de
tous ses moyens.

Qu'il me soit donc permis de dire ici en toute hâte,
avant d'aller faire ma moisson dans les plaines du Holstein, de quelle manière je comprends que devrait être
établie une ferme-école, à laquelle une si noble tâche
serait imposée.

Pourquoi voyons-nous ordinairement prospérer les
entreprises qui ont pour but les constructions de ponts,
les établissements de forges, fonderies, etc.? C'est que
chaque année les écoles du génie, des mines, l'école des
arts et manufactures nous envoient des ingénieurs, des
constructeurs, qui, après s'être formés à la théorie
sous des maîtres habiles, ont eu l'occasion de s'exercer
à la pratique dans des écoles dites d'application, ou bien
dans les nombreux ateliers d'industrie, toujours ouverts aux jeunes gens. Rien de semblable dans l'agriculture. Il s'y passe, au contraire, quelque chose de vraiment étrange : d'abord, les hommes que nous avons vu

jusqu'à présent se charger des entreprises agricoles les
plus vastes, s'y sont cru appelés, non pas parce qu'ils
avaient exercé longtemps la profession d'agriculteurs,
mais par cela seul qu'ils avaient pris en dégoût toutes
les autres professions. Aussi, qu'arrive-t-il? qu'au bout
de cinq à six ans, nous les entendons déplorer de funestes résultats, et se plaindre amèrement de l'agriculture, qu'il faut, suivant eux, abandonner aux paysans.
Mais que dirions-nous d'un homme qui un jour aurait
pris en aversion les fatigues du barreau, et sans tran-
sition, sans préparation, viendrait construire des hauts
fourneaux, des machines à vapeur? De ce que deux
années auraient suffi pour consommer sa ruine, en
conclurions-nous que les entreprises industrielles sont
choses toujours ruineuses?

Il est vrai que nous avons depuis quelques années
des écoles d'agriculture; mais sont-elles établies dans
un esprit et sur des bases à pouvoir remédier au
mal que je signale? Je ne le pense pas; et cela parce
que, bien que parfaites pour l'enseignement théorique,
seules entre toutes les écoles dont le but est de former
les jeunes gens à une profession, elles n'ont pas d'*écoles
d'application*. Au premier abord, il semble étrange de
dire que des élèves d'agriculture, enseignés dans une
ferme, manquent d'occasion de s'y exercer à la pratique. Et c'est là cependant un fait exact; et dans l'intérêt de ces établissements, qui doivent avant tout
montrer des bénéfices agricoles, il ne peut pas en être
autrement, parce que les élèves y sont trop nombreux

et souvent trop inexpérimentés pour prendre part aux
travaux de la ferme, sans en compromettre le succès.
A Roville, les réglements nés de l'expérience, défen-
dent expressément de toucher aux instruments, et de
se mêler aux travaux de la ferme autrement qu'en spec-
tateurs. Ce n'est que dans quelques cas exceptionnels,
que tel jeune homme, que M. de Dombasle a distingué
entre tous les autres, a l'heureuse chance d'être chargé
d'une expérience particulière. Une seule charrue est
destinée aux élèves ; chacun d'eux a son jour pour la
conduire, et comme ils sont nombreux et qu'on ne la-
boure pas tous les jours, il arrive qu'un élève peut fort
bien être trois mois sans pouvoir labourer. C'est ce que
m'écrivaient dernièrement, avec le sentiment d'un vrai
désespoir, deux jeunes gens que j'y ai envoyés. Si un
voisin généreux, ajoutent-ils, n'avait pas voulu nous
laisser faucher sa luzerne et panser ses deux chevaux,
nous n'aurions encore touché ni faux ni étrille.

Tout le monde sait que le grand nombre d'élèves
très-jeunes qui affluent à Grignon, y fait une nécessité encore plus impérieuse d'une mesure semblable à
celle que l'expérience a imposée à l'habile directeur de
Roville. Je sais bien que tour à tour les plus anciens
parmi les élèves peuvent être chargés du soin d'un lot
de bétail ; mais auront-ils été chargés du soin de l'ap-
provisionner de fourrage, et de pourvoir, dans la belle
saison, à tous les besoins qui pourront l'assaillir dans
la mauvaise? C'est une forte part dans cette sollicitude,
dans cette responsabilité qui constitue le bon appren-

tissage. Mais cela est-il possible dans une ferme-école qui compte près de cent jeunes élèves, et qui est abondamment pourvue de valets et de surveillants ? Tout ce qu'il était possible de faire de Grignon dans cet état de choses, M. Bella l'a fait ; et par ses soins un excellent enseignement préparatoire de l'agriculture y est donné par des maîtres habiles, auxquels la science agricole doit beaucoup. Sans doute que si M. de Dombasle et M. Bella n'avaient autour d'eux qu'une dizaine de jeunes gens, entre lesquels seraient partagés tour à tour les divers travaux, de tels élèves qui reflèteraient de tels maîtres seraient un jour d'excellents fermiers, rompus à la pratique comme à la théorie, et connaissant aussi bien le métier que l'art. Mais cela n'a pas été possible ; la destinée de ces hommes a été d'attirer autour d'eux un si grand concours d'élèves, qu'il ne leur a pas été permis de réaliser les plans qu'ils avaient pu faire pour un enseignement agricole complet.

Si, en sortant des écoles d'agriculture, un jeune homme pouvait prendre une ferme pour deux ou trois ans, et s'exercer là sous les yeux d'hommes expérimentés, comme il arrive partout dans l'industrie, et en Allemagne dans l'agriculture, nul doute qu'il n'acquît bientôt, sans risque pour lui ni pour le propriétaire, l'expérience qui lui garantirait le succès dans une plus longue entreprise. Mais les choses ne peuvent pas se passer ainsi. Ou c'est un propriétaire inexpérimenté qui appelle à lui un gérant sortant de l'école, mais qui, bien loin de le diriger dans ses premiers essais, l'abandonne entièrement à lui-même , et , bientôt dégoûté d'améliorations mal conçues ou inapplicables à la localité, lui reprend le domaine pour le remettre de nouveau à des fermiers ; ou bien , c'est le jeune homme lui même qui prend à long bail une ferme où il engage un capital considérable , et qui est cinq à six ans à réparer, à ses frais, une erreur causée par l'inexpérience de son début.

Comment donc, dans un nouvel établissement agricole projeté, pouvoir éviter l'écueil que je viens de signaler? Voici, à mon avis, de quelle manière on devrait s'y prendre, et qu'il me soit permis, à ce sujet, de développer quelques vues dont j'ai semé le germe dans la première leçon d'un Cours d'Agriculture que j'ai fait cet hiver à Lyon.

Je voudrais qu'une ferme-école, qui a pour mission de faire de bons fermiers pour les grandes cultures de la Dombes, réunît dans une localité située sur la limite du pays d'étangs , et soumise jusqu'à ce jour à la culture ordinaire, une étendue de terres d'environ mille hectares , de manière à ce qu'indépendamment de la ferme centrale , siége de l'école, il y eût rayonnant autour de celle-ci une sixaine de fermes secondaires qui en dépendraient. La ferme centrale qui embrasserait la culture de 200 hectares environ , serait le siége de l'école , la résidence du directeur, et le lieu des cours qui constitueraient l'enseignement théorique.

Les fermes secondaires confiées à divers élèves que le directeur aurait distingué parmi les plus capables entre ceux dont l'instruction agricole serait complète , composeraient autant d'écoles d'application qui pourraient recevoir chacune au moins six élèves. Les gérants de fermes secondaires seraient essentiellement dépendants du directeur et surveillés par lui. Les élèves qui leur seraient confiés devant suivre plus tard dans la ferme centrale deux années de cours théoriques, ne s'occuperaient , dans les fermes secondaires , que d'opérations pratiques , ce que leur petit nombre rendrait facile.

L'instruction des élèves , pour être complète, serait le résultat de deux années de pratique dans les fermes secondaires et de deux années d'études théoriques, suivies à l'école , résidence du directeur. L'élève passerait donc au moins quatre ans à l'Institut, et n'obtiendrait de diplôme qu'après ce laps de temps.

C'est à former d'abord des écoles d'application, sans le secours desquelles , à mon avis , tout enseignement agricole resterait incomplet , que devront tendre tous les efforts d'un directeur qui aura bien compris sa mission; mais l'on conçoit qu'elles ne sauraient être improvisées. Par cela même qu'elles devront être dirigées dans le même esprit que la ferme centrale, qu'elles devront la refléter, si je puis m'exprimer ainsi , leur formation ne pourra être que l'œuvre de plusieurs années. Qu'il me soit permis de dire ici par quelle gradation je comprends qu'il sera possible d'arriver à cette organisation complète d'un vaste enseignement agricole, qui n'aura rien à envier aux autres enseignements professionnels.

Nous devons supposer que dans le commencement , les fermes secondaires seraient laissées entre les mains des fermiers qui les occupent maintenant, avec la condition de vider immédiatement les étangs; et que la ferme principale, après avoir pris au préalable la même mesure, serait seule mise en culture par les soins du directeur. Nous devrons encore admettre que ce dernier sera rompu par une longue expérience à la pratique agricole , doué d'assez de sagacité et de rectitude dans le jugement pour savoir se choisir la meilleure route entre les routes innombrables qu'offre la culture dans un état avancé; doué, de plus, d'assez de patience, de netteté dans les idées et de clarté dans l'expression pour savoir transmettre aux autres le fruit de son expérience.

La première démarche du directeur , avant de mettre la main à l'œuvre, à ce moment solennel d'un début, où deux années de pratique valent mieux pour l'enseignement que dix années d'une exploitation arrivée à son aplomb agricole , sa première démarche , dis-je, sera d'appeler auprès de lui huit à dix jeunes gens , choisis autant que cela sera possible parmi ceux qui auront déjà une légère habitude des affaires, et dont la gravité de mœurs et les principes religieux seront une garantie que toujours ils seront à la hauteur de la noble mission à laquelle ils seront appelés , celle de porter dans nos pauvres campagnes, avec l'exemple d'une bonne culture, celui d'une vie sans reproche.

Ces jeunes gens, parmi lesquels devront être choisis,

par la suite, les gérants des fermes secondaires, seront
en assez petit nombre pour prendre utilement leur part
des travaux , sous les ordres immédiats du directeur.
Non-seulement ils prendront connaissance des livres
de comptes , mais ils les tiendront eux-mêmes, afin de
se familiariser avec tous les calculs relatifs à une sage
distribution des fonds employés à une entreprise agricole. Non-seulement ils veilleront à la convenable distribution de nourriture au bétail, mais tour à tour chacun d'eux sera chargé du soin d'une étable , de noter
exactement le poids d'aliments consommés par tel lot
d'animaux, le poids de viande et de fumier qui résultera de la consommation de telle ou telle substance alimentaire. Non-seulement ils suivront la charrue pour
étudier la manière dont elle fonctionne dans les circonstances diverses , mais tour à tour chacun d'eux ,
après avoir labouré longtemps lui-même, devra remplir les fonctions de chef de labour , c'est à-dire recevoir la veille les ordres pour le labour du lendemain ,
se lever avant aucun autre employé, reconnaître si les
bêtes de trait ont pris convenablement leur repos , si
chaque charrue est pourvue de sa chaîne et de son coutre,
si elle est disposée sur son traîneau, veiller à ce que l'at-
telage se fasse avec ordre , et que le départ et la mise
des charrues en terre prennent le moins de temps possible. C'est en dirigeant lui-même une charrue , en
étant le premier dans le sillon , que le chef de labour
obtiendra une bonne exécution. C'est là, suivant moi,
le seul apprentissage vraiment utile. Comment sera-t-

on en état de juger de la bonne ou mauvaise exécution
des diverses opérations agricoles, de savoir combien de
temps devra être employé par tel nombre d'ouvriers
pour un travail donné, quelle largeur et profondeur
de raie conviendront à chaque opération de labour
dans des circonstances variées, si l'on ne connaît pas
parfaitement les détails de tous les travaux qui peuvent
se présenter dans une exploitation agricole, si l'on n'a
pas labouré soi-même. Comment obtiendra-t-on la
prompte exécution d'un ordre donné, d'une modi-
fication à apporter dans la manière d'atteler, de se-
mer, de herser, si les agents subalternes ne sont
pas fermement convaincus qu'on en sait à ce sujet
beaucoup plus qu'eux ; et si maintes fois ils n'ont pas
été les témoins des bons résultats qu'a toujours amenés
la prompte et fidèle exécution de ce qui a été ordonné.
L'étude de l'art vétérinaire et de la botanique agricole
seront avec la comptabilité, les seuls délassements de
ce solide enseignement pratique, auquel ne manque-
ront cependant pas les explications de chaque jour et
de tous les instants du directeur.

Indépendamment de ces jeunes gens, l'établissement
recevrait un nombre égal d'apprentis, appartenant à la
classe des habitants de la campagne, et qui, nourris à
la ferme, seraient employés aux travaux de la même
manière que pourraient l'être des domestiques. Des leçons d'une comptabilité simple et applicable à de petites exploitations, rempliraient pour eux les loisirs de
l'hiver et des jours de pluie. Il est probable que chacun

de ces jeunes gens serait envoyé par tel propriétaire qui l'aurait distingué parmi les bons sujets de son village, pour le mettre un jour à la tête de sa culture. Ainsi leur sort futur serait fixé d'avance et dépendrait entièrement de leur bonne conduite. C'est là une raison qui devrait les faire préférer aux élèves boursiers qu'envoient les conseils généraux, sans leur assigner d'avance le but qui doit être la récompense de leurs efforts. Aussi, les voyons-nous après leur cours terminé, trop souvent dépourvus du capital nécessaire, et impuissants à briser la volonté des propriétaires qui se refusent à leur accorder des baux à longs termes, être privés absolument de moyens qui leur permettent d'utiliser leurs connaissances et la bonne volonté de l'administration. C'est pourquoi je conseillerais en passant à cette dernière de donner à ses encouragements ou subventions une toute autre forme que celle des bourses.

Je crois que huit à dix élèves, et autant d'apprentis, ne gêneraient en rien les mouvements d'une ferme de 200 hectares ; et qu'au contraire, ils aideraient puissamment le directeur à arriver le plus promptement possible au but que doit ambitionner avec tant d'ardeur tout exploitant : celui où son assolement, établi sur toutes les parties de son domaine, doit trouver en lui-même les ressources de fourrages et d'engrais pour suffire à sa production. Je crois aussi que les élèves formés à la rude école d'une ferme qui commence, seraient certainement en état, au bout de deux ou trois.

ans, de prendre la gestion de six fermes secondaires,
sous la surveillance immédiate du directeur ; tout aussi
bien qu'un jeune élève de l'école des ponts et chaussées
et de l'école forestière de Nancy est en état de diriger la
construction d'un pont ou d'aménager une forêt, sous
les yeux et avec les plans de son administration.

Les gérants, simplement salariés les deux premières
années, qui seraient considérées comme un noviciat,
passé ce terme, deviendraient, s'ils avaient fait preuve
de capacité, sociétaires pour leur exploitation, et rece-
vraient une part dans les bénéfices nets que celle-ci of-
frirait. Ils seraient placés, vis-à-vis du directeur, dans
une position constamment dépendante, puisque ce serait sur ce dernier que pèserait la responsabilité. Les
sommes nécessaires pour l'exploitation ne seraient ac-
cordées qu'au fur et à mesure des besoins. Un bureau
de comptabilité générale seraient établi à la ferme centrale ; chaque mois les gérants devraient y envoyer copie de leur journal. Un livre d'opérations, où ceux-ci
consigneraient chaque jour en notes brèves le détail de
leurs travaux, avec appréciation succinte des causes
qui les font réussir ou manquer, seraient adressé chaque année au bureau central ; et une publication spé-
ciale, sous le nom d'Annales de....., en ferait connaître tout ce qui présenterait quelque intérêt.

Je n'ai pas besoin de dire quelle émulation de bien
naîtrait de cette facilité offerte aux gérants de faire apprécier leur capacité, et quel avantage retirerait l'établissement de cette confraternité d'idées et de vues qui

s'établirait naturellement entre jeunes gens, qui, partis de la même école, se réuniraient chaque année en comice dans l'une des fermes, pour se fortifier et se retremper au contact les uns des autres.

Le début du gérant d'une ferme secondaire, si difficile dans toute position agricole ordinaire, serait d'autant plus facile ici, que le plan de ses cultures aurait été tracé par le directeur, sur lequel seul pèserait le soin de l'appréciation juste des circonstances de localité et de terrain, d'où, à mon avis, dépendent, plus qu'on ne peut le croire, les succès ou les revers futurs. Je pense qu'il n'y a que cela qui demande absolument de l'expérience et une longue pratique de l'art agricole. Une fois le plan tracé, les détails viennent naturellement et sans effort prendre place dans le cadre ouvert; il peut y avoir, suivant la capacité des agents auxquels ces détails sont confiés, quelque négligence dans la manière dont ils seront dirigés dans les commencements; mais cela n'entraînera aucune fâcheuse conséquence. Telle terre aura été labourée par un temps humide, qui eût demandé à l'être par un temps sec; le blé aura pu être semé dans un sol labouré trop récemment à une grande profondeur, et le seigle sur un labour trop superficiel; on aura semé sur les blés d'hiver les fourrages qui auraient dû l'être seuls ou sur les céréales de printemps; mais ce sont là des fautes qui portent leur enseignement immédiat, et qui n'entraînent que des pertes insignifiantes lorsque le plan tracé ne contrarie pas les habitudes de la localité, ne demande au sol que

les plantes qu'il peut produire ; et que ces plantes n'exi-
gent pour leur culture parfaite que la main-d'œuvre
que peut fournir le pays, chose importante pour l'avoir
en temps opportun et à de bonnes conditions.

Dans la spécialité de notre terre de Dombes , d'une
nature de sol identique , le plan de culture de chacune
des fermes de l'école d'agriculture sera d'autant plus
facile à tracer , qu'il est probable qu'il y aura peu de
choses à changer à celui qui aura été suivi avec succès
dans la ferme principale. La tâche du directeur et celle
des gérants en sera d'autant plus facile, et nous aurons
droit d'attendre de ces derniers que bientôt ils soient
en état de faire partager utilement à leur tour leurs travaux aux jeunes élèves entrant à l'école. De tels aides
donnés aux gérants leur feraient trouver probablement
assez d'heures de loisirs pour qu'il leur fût possible de
préparer des cours qu'ils viendraient donner à l'école
centrale : ce qui leur permettrait de joindre aux avantages d'une ferme les émoluments et les jouissances
intellectuelles du professeur.

Dès qu'on sera arrivé à ce point où la ferme-école ,
tranquille sur son avenir, assurée de pouvoir satisfaire
à toutes les exigences d'un bon cours agricole , pourra
donner à son établissement central tout le développement que nécessitera un vaste et complet enseignement
théorique , des cours de mécanique et de chimie agricole,
de mathématiques , de sciences naturelles, de dessin ,
enseignés d'après les méthodes qui ont un si étonnant
succès à l'école de la Martinière de Lyon seront ou-

verts, et pourront, tout en complétant les études de
collége, toujours défectueuses sous ce rapport, servir
d'études préparatoires à l'enseignement agricole proprement dit.

Ai-je besoin maintenant de faire ressortir quel concours d'élèves appellerait une école qui, aussi bien que
l'école polytechnique et l'école forestière de Nancy, aurait aussi des places à donner : car en supposant de
beaux bénéfices agricoles obtenus dans la ferme-école,
bénéfices qui auraient été attestés par la comptabilité
que chacun pourra voir, et qui ne seraient que la conséquence d'une haute amélioration foncière, je ne puis
pas admettre que dans la Dombes qui est une immense
ferme à louer, l'établissement ne sût pas en trouver
quelqu'une aussitôt qu'il aurait un bon élève à placer.
Et quelles heureuses conditions pour un élève qu'un début où il serait guidé par les conseils éclairés du directeur
et auquel il aurait été préparé par des travaux antécé-
dents sur un sol identique ; quelle garantie pour un
propriétaire de voir son domaine entre les mains d'un
jeune fermier actif, aidé et soutenu par les conseils
d'une vieille expérience, qui signalerait à celui-ci tous
les faux pas qui ont souvent une fâcheuse influence sur
l'avenir. On voit déjà sans doute que dans un système
de culture qui aurait principalement pour but la production ou l'engraissement de nombreux animaux,
l'administration centrale qui pourvoirait aux besoins
de bétail de chaque ferme, et qui serait également
chargée du soin des ventes, enlèverait aux jeunes fer

miers un des plus graves soucis d'un exploitant , et en
même temps l'occasion habituelle d'une fâcheuse perte
de temps, indépendamment de ce que , par le fait seul
de l'importance de ses affaires , elle pourrait les faire
meilleures.

Chacune des fermes nouvelles deviendrait au besoin une école; il serait possible encore que les fermes
considérables les plus éloignées servissent d'avancement aux gérants qui auraient passé leur temps d'é-
preuve dans les fermes rapprochées.

Ai-je besoin de dire quelle force serait assurée à la
discipline et aux études, par cette perspective sans cesse
placée devant les élèves d'avoir une place honorable ,
s'ils la méritaient par leur application et leur bonne
conduite ; car soit que l'établissement disposât lui-
même de fermes qu'il prendrait sous sa responsabilité,
ce que je déclare ici devoir être autant dans l'intérêt des
propriétaires que dans celui de la force et de la durée
de la ferme école, soit qu'il fît des gérants pour les propriétaires , je n'imagine pas que , dans aucun cas, un
élève sans diplôme pût être préféré : et les diplômes
seraient refusées impitoyablement à quiconque n'aurait pas parcouru tous les degrés de l'enseignement
pratique et théorique, et ne serait pas mis en état, par
des études sévères, de devenir un bon fermier ou un
bon gérant.

Sera-t-il enfin nécessaire de dire quelle ressource trouverait la culture de Dombes dans ce foyer d'instruction
agricole établi dans son sein ? Pensera-t-on qu'un jeune

fermier, après avoir passé joyeux et bien portant, trois ou quatre ans dans une exploitation où toutes les vallées seraient de vertes prairies nourrissant de nombreux troupeaux , source de toute prospérité agricole , pensera-t-on que sa première opération pourra ne pas être de convertir en prairies semblables les étangs qui, menaçant sa vie et celle de sa famille , lui interdiraient toute amélioration?

Et ainsi serait atteint à la satisfaction de tous le but que s'est proposé la société de Trévoux, et ainsi, pour le directeur choisi qui aurait été l'instrument de cet œuvre, serait accomplie la plus noble tâche que Dieu ait imposée à un homme.

# RAPPORT (1)

## A M. LE MINISTRE DE L'AGRICULTURE ET DU COMMERCE

Sur un voyage entrepris par ses ordres, dans l'Allemagne
du Nord, pour en étudier les cultures et les méthodes
d'enseignement agricole.

MONSIEUR LE MINISTRE,

Les cent voix des comices, la tribune nationale,
leur interprète, les économistes sages, demeurés attentifs aux causes de la prospérité et du bonheur des
sociétés, tout le monde demande le progrès agricole.
Partout on commence à reconnaître les funestes con-
séquences du mouvement désordonné de l'industrie,
devenue trop souvent industrialisme imprévoyant et
sans loyauté. Tous les gouvernements cherchent à
encourager l'agriculture, parce qu'ils aperçoivent
qu'elle est en réalité la base large et solide de toute
prospérité nationale.

Ce progrès agricole, qui est le vœu de tous, mar-

(1) Ce rapport a été écrit au commencement de janvier 1840.

che à tels pas dans les pays de petite culture, grâce à l'abondance des bras proportionnellement aux petites étendues cultivées, que pas n'est grand besoin de s'inquiéter à leur sujet. Qu'on les laisse faire ; avec la paix, sans livres et presque sans fermes-modèles, ils atteindront plus ou moins vite à une perfection toute flamande. Mais , à côté de cette industrieuse activité qui ravit au sol toutes ses richesses, quelle triste disparate n'offrent pas les pays dits de grande culture !

Pour une grande partie règne encore la culture exclusive des céréales avec jachère ; culture profitable autrefois, quand les terres, plus riches que de nos jours, grâce à une plus grande quantité de prairies et de pâturages, livraient des céréales plus abondantes, avec des charges de culture faibles ; ruineuse, maintenant qu'une production diminuée doit supporter des loyers, des impôts, des prix de journées plus que doublés.

Les plus intéressés, sans doute, à l'adoption d'un mode d'exploitation plus convenable de ces terrains, ce sont leurs possesseurs : il y va de leurs plus graves intérêts. Qu'ils persistent encore quelque temps dans un système de culture qui les laisse sans produit net, et bientôt ils auront cessé d'exister comme grands propriétaires, non pas par le fait des lois agraires ou saint-simoniennes, mais par le fait irrésistible de cette loi qui veut que la terre se range toujours entre les mains de celui qui la cultive le mieux. En effet, pendant que le petit propriétaire engage dans la culture d'un ou deux hectares un capital considérable, représenté par les bras de sa nombreuse famille, par quelques vaches, un porc, des provisions de ménage, par une petite habitation fournie de tous les ustensiles et instruments de travail nécessaires, l'inventaire le plus scrupuleux constaterait à peine 110 fr. par hectare dans la grande culture céréale avec jachère. Pendant que notre petit propriétaire, toujours présent sur son terrain, dont il s'étudie à accroître constamment les forces, doit bientôt atteindre le terme de la plus forte production, le grand propriétaire laisse tranquillement son métayer résoudre à part lui le problème d'amener, sans trop de dépenses, le sol qui lui a été cédé pour neuf ans, à l'épuisement le plus complet qu'il soit possible d'obtenir dans ce délai de rigueur. Aussi, trouvons-nous chez le premier, avec l'accroissement de valeur de son terrain, une aisance qui le conduit à rechercher l'occasion d'acquisitions nouvelles pour occuper sa famille augmentée, tandis que, chez le dernier, la détérioration constante du sol, l'impossibilité de l'affermer à un prix qui lui laisse un bénéfice net, le conduisent nécessairement à désirer d'avoir pour acheteur son empressé voisin. Et ainsi, par les mains des grands propriétaires se démolit la grande propriété ; et ainsi, de belles terres qui auraient pu quintupler de valeur par l'adoption d'un système de culture rationnel, sont converties en capitaux mobiliers que la moindre perturbation peut faire disparaître ; et ainsi, viendra le moment où nos nouveaux prolétaires, par imprévoyance,

reconnaîtront avec effroi qu'il ont laissé glisser d'entre
leurs mains la plus vraie et la plus solide richesse,
celle qui a pour base la possession du sol.

Que si le réveil de la grande propriété et son retour
au travail des champs devaient être une menace à la
petite propriété, ou priver l'industrie manufacturière
des capitaux nécessaires, peut-être garderais-je le silence; mais que l'on ne craigne pas ce résultat : dans
un pays libre, où la propriété sera toujours accessible
à tous, où les lois sont égales pour tous, pour tous
aussi, le développement agricole, dans les seules parties de la France où il n'existe pas, sera chose avantageuse. En effet, que les capitaux ou améliorations
soient portés dans une contrée pauvre et peu peuplée,
ou bien seulement dans de grands domaines voisins
des pays de petite culture, ce sera, dans l'un et l'autre
cas, un travail fructueux créé, et pour l'habitant du
désert cultivé, et pour l'émigrant des campagnes trop
peuplées, et même pour le petit propriétaire voisin du
domaine à améliorer. Qui oserait, en effet, contester qu'il
ne doive y avoir un bien plus grand intérêt pour les
habitants de la France à employer au milieu d'eux, sur
le continent européen, à la création de richesses nouvelles, les populations exubérantes de l'Alsace et de
nos départements du Nord, qu'à leur ouvrir, à grands
frais de millions, une Afrique qui les tue ?

Nos manufactures, qui voient chaque jour un marché étranger se fermer à leurs produits, et qui, par là,
ont été amenées à reconnaître que l'acheteur le plus

avantageux était l'acheteur français, doivent désirer
que l'agriculture, améliorée, donne à cet acheteur l'aisance qui invite à rechercher les produits des fabriques.
Bien loin de souffrir du développement de l'industrie
agricole, elles lui devront d'obtenir plusieurs matières
premières, indispensables, en plus grande abondance
et à meilleur marché, du moment où, produites par
des procédés plus parfaits, elles coûteront moins cher
aux producteurs. Un autre avantage, non moins réel,
résultera pour elles du mouvement qui détournera
vers les champs de nombreux capitaux d'intelligence
et d'argent : c'est que, par là même, il y aura ralentis
sement dans cette concurrence commerciale effrénée,
qui, partout, aboutit à ce triste résultat, d'anéantir le
bénéfice pour tous.

Dans notre société française telle que notre civilisation l'a faite, grands propriétaires possesseurs de ter-
ritoires étendus et appauvris, petits propriétaires aux
familles nombreuses, manufacturiers et capitalistes
commanditaires, tous ont donc à gagner à l'adoption,
sur les grands domaines, d'un système de culture qui
assure aux possesseurs de ces terres un profit certain et
un haut intérêt de leurs capitaux.

Mais quel système aura donc cet heureux privilége,
après tant d'essais d'améliorations infructueusement
tentées ? Celui qui, dans l'espace de trente ans, a dé-
veloppé, dans l'Allemagne du Nord, une aisance et un
bonheur tels, qu'elle en a perdu le souvenir des dé-
sastres des mauvais jours.

Système qui consiste à donner, dans les assolements, une large place aux fourrages d'une durée de plusieurs années, et à assurer leur succès par une production et des cultures préparatoires raisonnées : système qui a été, non pas l'œuvre du temps, non pas l'œuvre d'une population abondante, mais le fruit de l'admirable concours, de l'énergique appel d'un agronome aussi habile que grand citoyen, l'immortel Thaër ; le fruit de lois bienfaisantes qu'il sollicita dans le but de déblayer le vieux sol germanique de ces dîmes et corvées odieuses qui l'enchaînaient à l'assolement triennal ; le fruit aussi d'institutions de crédit particulières, qui appelaient les capitaux à l'agriculture vers une époque où l'Allemagne, épuisée par les guerres, devait, sous peine de périr, s'ouvrir de nouvelles sources de richesses : système, enfin, dont la simplicité, permettant aux propriétaires de se reposer du soin de sa marche sur des gérants, a ouvert une nouvelle et large carrière à des milliers de jeunes gens, patriotes dévoués, obéissant sans impatience à une autorité tutélaire qui puise sa force et sa modération dans la modération et la force de ces jeunes gens. Honneur aux hommes à l'école desquels ils furent formés ! honneur aux admirables citoyens qui ont si bien compris que le plus sûr remède à de grandes infortunes publiques, était bien plutôt dans le développement d'une agriculture féconde, que dans des agitations mécontentes et chagrines, qui compromettent tout avenir !

Si, jusqu'à présent, plus de revers que de succès

sont à constater dans les essais d'améliorations tentés dans les grandes terres, c'est que leurs possesseurs, prenant pour modèle la petite culture, ont voulu, rivalisant avec elle, créer les mêmes produits. C'était-là une voie fausse et semée d'écueils. Toujours la petite propriété, qui ne compte pas ses journées, qui vit sobrement, et qui exécute deux fois plus vite le travail dont tous les fruits sont pour elle, écrasera le grand propriétaire dans la concurrence des plantes qui demandent des cultures répétées. Ce qui sera possible par la suite, quand les grandes terres, fertilisées par l'adoption d'un système de culture approprié aux circonstances, nourriront à bon marché une population plus abondante, n'est pas possible aujourd'hui, dans un ordre de choses entièrement différent. Comme moyen transitoire pour arriver à cet état souhaitable, les exploitants des grandes terres doivent suivre une toute autre marche.

Si l'Allemagne du Nord, privée de main-d'œuvre, s'est créé une source féconde de richesses en remplaçant par des productions fourragères la moitié des céréales qu'elle cultivait auparavant; si, de tous les fourrages les plus précieux, la luzerne et les sainfoins, que le sol de notre heureuse France produit avec tant de facilité, sont interdits à une grande étendue de ses terres, trop froides ou trop légères; si la période de nourriture d'hiver est d'un mois au moins plus longue pour elle que pour nos contrées; si, enfin, elle trouve un grand bénéfice dans la vente à l'étranger du pro-

duit de ses troupeaux, bien que ce bénéfice soit diminué de tous les frais de transport et de douane qu'ils
ont à supporter avant d'arriver à leur destination,
quel profit ne devons-nous pas retirer de ces produits,
nous qui pouvons les créer chez nous, au milieu d'a-
cheteurs empressés? Il est vrai que le producteur français doit supporter des charges de culture infiniment
plus lourdes que celles qui grèvent la culture étrangère; mais le droit protecteur établi par la loi de 1822
peut être considéré comme une compensation de la
surcharge qui pèse sur le cultivateur français. L'engraissement du bétail ne promet-il pas surtout des
avantages certains, quand nous voyons la viande acquérir tous les jours un prix plus élevé, par plusieurs
causes qu'il n'est au pouvoir et dans l'intérêt d'aucun
Français de détruire : l'absence de concurrence des
produits étrangers éloignés, l'aisance devenue plus
générale dans les classes agricoles, et par-dessus tout,
la destruction toujours croissante des prairies et des
pâturages, suite de la division incessante des propriétés, et de la nécessité où se trouvent les nombreux possesseurs d'un petit terrain d'en tirer, au moyen de productions se renouvelant plusieurs fois dans l'année, de
quoi suffire à l'entretien de leur nombreuse famille?

Eh bien! ces produits animaux, qui sont indispensables à tous, aux manufactures, qui demandent des
matières premières, abondantes et à bon marché; aux
classes aisées, qui ne sauraient se passer de l'aliment
qui est devenu pour elle une habitude; aux popula-

tions des campagnes, pour qui longtemps encore les
bêtes de trait seront une nécessité, et qui commencent
à sentir celle d'une nourriture solide; ces produits,
les seuls, en un mot, pour lesquels la petite culture ne
puisse pas faire concurrence à la grande, faute d'espaces suffisants, celle-ci ne s'empressera pas à les produire, elle qui dispose de vastes étendues d'un prix encore peu élevé, elle qui, manquant de main-d'œuvre,
d'engrais et de bons chemins, trouve le moyen d'attendre avec profit que ces choses lui soient venues, en
adoptant un système de culture où l'établissement des
fourrages pérennes diminue les espaces à labourer et à
fumer, et crée des produits se transportant eux-mêmes
au marché.

Mais c'est là de l'aveuglement ! Ne voit elle pas
qu'au moyen de ses nombreux animaux, elle pourra
toujours exécuter son travail promptement et en temps
opportun, que cet excellent travail deviendra bien
moins cher que celui de la pauvre culture céréale
avec jachère, puisqu'il y aura à déduire de son prix
de revient toute la valeur en viande et en fumier
qu'aura donnée l'animal nourri abondamment?

S'il est vrai que des terres qui n'auront pas à payer
des impôts et un prix de main-d'œuvre plus élevés que
dans les cultures antérieures, qui pourront être mieux
labourées, à moins de frais, et moins souvent, grâce
aux combinaisons d'admirable simplicité que permet
la culture que je conseille; s'il est vrai, dis-je, qu'avec
cette économie dans la production, les récoltes seront

cependant plus que doublées par le fait d'engrais animaux et végétaux abondants, n'est-il pas évident que,
là où il y avait ruine pour les possesseurs des grandes
terres, il y aura maintenant bénéfice, et que, joignant
aux avantages que je viens d'énumérer celui de pouvoir appliquer à leur culture la division du travail et
les instruments expéditifs, possibles seulement dans
une grande exploitation, ils pourront produire encore
à moindres frais que la petite culture?

Serait-il donc encore besoin d'ajouter que, dès-lors,
armés contre les envahissements de celles-ci de la
seule arme qui puisse être permise chez un peuple libre, ils cesseront d'éprouver ce besoin de vendre, qui,
s'il était satisfait, léguerait la misère aux enfants, au
prix d'un peu plus d'aisance pour les pères?

C'est cette vérité, longuement méditée pendant
quinze ans d'exploitation d'une terre de moyenne étendue, dans un pays de petite culture, que j'ai senti la
nécessité d'aller dire aux grands propriétaires capitalistes que l'hiver dernier (1) réunissait à Lyon. Déjà ils
avaient accueilli avec bienveillance mon ouvrage, dans
l'introduction duquel je m'étais efforcé de faire arriver
cette démonstration à l'état de vérité incontestable;
ouvrage sur lequel M. le Ministre, votre prédécesseur, a
bien voulu demander un rapport à la Société centrale
d'agriculture de Paris. Je dus ma hardiesse à ces honorables encouragements.

J'avais à persuader des propriétaires capitalistes,

(1) Hiver 1858-59.

qui pourraient peut-être bien se décider à détourner, pour la culture de leurs champs, une partie de ces capitaux qui, jusqu'à présent, avaient été employés dans l'industrie, après, toutefois, qu'il leur aurait été démontré, 1° que la comptabilité commerciale, dont tous étaient à même d'apprécier les incontestables avantages dans son application à l'industrie, devait en avoir de bien plus grands encore dans l'agriculture (1),

(1) Tandis que dans l'industrie manufacturière, les matières premières n'entrent dans les magasins que chargées d'un prix certain, et que ce prix sert de base à toute la fabrication; dans l'industrie agricole, on est maintefois obligé à produire dans l'ignorance complète de ce que doit coûter la matière première. Ce n'est le plus souvent, qu'à la fin de la fabrication qu'on pourra le savoir; et, là où on espérait un profit parce qu'on avait quelque raison de penser que la matière première ne dépasserait pas la somme de 100 fr., il se trouve que l'on est en perte parce qu'elle a atteint le prix de 200 fr. Ainsi, par exemple, on a dépensé 500 fr. pour créer du fourrage sur un champ dont on espère, année commune, un produit de 250 quintaux, ce qui doit porter le quintal à 2 fr.; et, à ce prix, le fumier que doit produire ce fourrage pourra bien ne revenir qu'à 4 fr. la voiture, et la journée des animaux nourris avec ce fourrage pourra bien ne coûter que 2 fr.; ce qui ne chargera le blé que d'un prix inférieur à celui que l'on en obtiendra sur le marché. Mais une sécheresse, sur laquelle on n'avait pas compté, a diminué de moitié la quantité du fourrage, q i cependant est toujours chargé de la même dépense de 500 fr., et revient ainsi au producteur agricole, non plus à 2 fr., mais à 4 fr. le quintal. A ce prix, la production du blé lui sera certainement désavantageuse; mais ce blé est déjà semé; que pourrait-il, d'ailleurs, l i substituer qui ne demandât pas du fumier et du travail?

Est-ce parce que l'agriculture est exposée à d'aussi graves charges, est-ce parce qu'elle peut rarement compter sur un prix certain des matières premières, qu'elle doit souvent aller chercher chaque matin dans les champs, où l'intempérie de la nuit peut les avoir profondément altérés, qu'elle doit se dispenser de recourir à une bonne tenue de livres, sans laquelle le moindre fabricant se croirait égaré? N'est-il donc pas encore temps de faire justice par le ridicule et la honte de ce sot propos, que ne manque pas de proférer tout agriculteur pressé un peu vivement: *Eh! mon Dieu! s'il fallait compter avec cette rigueur en agriculture, où en serions-nous?* Mais un fabricant qui répondrait ainsi, quelque honnête qu'il fût, verrait à l'instant toute confiance se retirer de lui. Par quelle inconcevable aberration d'idées sommes-nous arrivés jusqu'à ce jour à trouver toute simple dans l'agriculture

et qu'il était facile d'en rendre l'usage aussi familier
aux régisseurs agricoles qu'il l'était aux agents industriels; 2' que la terre pourrait leur payer un intérêt
élevé des capitaux qu'ils consacreraient à sa culture,
en comptant son accroissement de valeur comme un
dividende; 3° que cette industrie nouvelle ne romprait
pas trop violemment leurs habitudes.

Aussi dus-je appuyer sur cette raison, que le mode
de culture qui donnait une large place aux fourrages
pérennes, exigeait moins qu'un autre la présence continue des propriétaires et l'abandon par eux de leurs
propres affaires; qu'il serait très-convenable qu'en faisant donner une instruction agricole appropriée à
leurs enfants, il les missent en état de pouvoir com-
biner le passage de l'ancien système au nouveau; mais
qu'à la rigueur il leur suffirait de comprendre l'esprit de ces assolements, leur importance et leur in-
compatibilité avec les baux à court terme, et que leur

une conduite qui serait à jamais flétrie dans l'industrie ? et, ce qui est tout
aussi étrange, comment se fait-il que nous prenions pour guides les ouvrages
d'hommes qui n'ont jamais su à combien leur revenait les produits qu'ils nous
vantent ? En vérité, on est effrayé à la pensée des écueils sur lesquels court
avec tant de légèreté et d'insouciance le grand nombre de personnes qui se
croient appelées à faire de l'agriculture, non pas parce qu'elles ont fait l'apprentissage sérieux de cette profession, mais parce qu'elles ont pris en dégoût
les autres professions, et qu'elles espèrent bien que celle d'agriculteur leur
sera moins assujettissante. Oh ! assurément, la culture des champs est une
douce chose pour celui qui n'a pas d'autre objet que de produire, n'importe les
sommes dépensées; mais que celui qui est convaincu que l'industrie agricole ne doit pas seulement se proposer de produire, mais encore d'obtenir le
plus haut intérêt du capital consacré à cette production, sache bien que ce-
lui-là seul atteindra ce but, qui ne craindra pas de s'assujettir à une tenue de
livres sans laquelle tout est ténèbres, aussi bien dans l'agriculture que dans
l'industrie.

(*Extrait de la troisième séance d'un cours d'agriculture
professé à Lyon en 1839.*)

grande simplicité rendant facile la surveillance de leur marche, admettrait, tout aussi bien que l'industrie manufacturière, l'emploi de gérants et de commandités instruits.

C'est encore pour le besoin de cette démonstration que je dus attacher tant d'importance à expliquer un mode de comptabilité que j'avais exposé dans mon ouvrage, après l'avoir pratiqué pendant dix ans sans comptable ; mode qui, à mon avis, a ce grand avantage, que, sur la simple inscription des travaux journaliers faite, chaque jour, dans un seul carnet, par un régisseur agricole qui ne sait rien de la comptabilité commerciale, le propriétaire à la ville, aidé, pendant une semaine de l'hiver, d'un comptable qui ne sait rien de l'agriculture, peut, au bout de quelques jours, lire sa situation agricole dans un grand livre en tout semblable à celui des commerçants (1).

C'est après qu'un concours nombreux et constant d'auditeurs m'eût prouvé que j'étais compris, que je sollicitai auprès de M. le comte de Gasparin, alors ministre par intérim de l'agriculture, l'honorable mission d'aller chercher en Allemagne des modèles complets de cette culture que je proposais.

Et c'est M. le Ministre, dans l'accueil bienveillant que vous avez bien voulu me faire à mon retour, c'est dans la haute approbation que j'ai reçue de vous, que j'ai puisé les forces nécessaires pour accomplir la dernière partie de ma tâche : celle d'entreprendre à mes

(1) Voir à la fin de la livraison.

risques et périls, sur un domaine qui m'appartient, dans un pays de grande culture, privé de main-d'œuvre, une vaste exploitation, qui se propose par-dessus tout d'être profitable, c'est-à-dire de payer un bon intérêt du capital d'exploitation, tout en accroissant la valeur du capital foncier. Les aides sur lesquels je compte avec confiance sont des jeunes gens, qui, après avoir été formés chez moi, pendant trois ou quatre ans, à une rude pratique, que nous tâcherons de raisonner de notre mieux, seront à la disposition des grands propriétaires mes voisins.

Toutefois, avant d'aborder complétement cette dernière tâche, et pour m'y préparer mieux encore, je vais d'abord, ainsi que vous me l'avez demandé, mettre sous vos yeux un exposé rapide de mon voyage et des moyens que j'ai employés pour le rendre fructueux, puis, recueillir et mettre en ordre, dans un ouvrage de plus longue haleine, des renseignements précieux, que je dois à l'amitié aussi bien qu'à la science des agriculteurs les plus expérimentés de l'Allemagne.

Si j'ai atteint mon but, ces renseignements devront faire connaître, non-seulement les assolements et les motifs qui les ont fait établir, non-seulement leurs produits et leurs frais, mais encore les différentes sortes de travaux exécutés pour obtenir ces produits et les dépenses les plus minimes qui concourent à ces frais; de manière à ce que la somme de produit net, obtenue dans des circonstances variées, se montre claire et évidente aux yeux de quiconque voudra cher-

cher dans cet ouvrage autre chose que des doléances,
cent fois répétées sur l'état de notre agriculture.

Je ne rapporterai rien qui ne tende au but que je
me suis proposé dès longtemps dans l'intérêt de mon
pays , l'instruction des possesseurs de grandes terres
mal cultivées, et les moyens les plus prompts et les plus
éprouvés par l'expérience de leur faire des aides qui les
secondent.

Peut-être penserez-vous, M. le Ministre, que ce pré-
liminaire n'était pas inutile pour expliquer pourquoi
la grande culture de l'Allemagne et ses instituts agricoles ont eu seuls mon attention dans mon voyage.

Entré en Allemagne par Strasbourg, le 16 juillet
1839, je l'ai quittée à la fin d'octobre par Hambourg et
la Belgique. Un Allemand , professeur au collége royal
de Lyon, M. Durr, a bien voulu m'accompagner jusqu'à
Berlin. Ses relations avec un grand nombre d'hommes
distingués ont été pour moi de la plus haute utilité. Je
dois à ce savant professeur , lié particulièrement avec
M. Thaër fils, d'avoir été reçu tout d'abord, par cet
homme remarquable, avec une cordialité qui a influé
de la manière la plus heureuse sur les rapports , d'un
si haut intérêt pour moi, que je devais avoir avec le
directeur actuel de Mœglin.

Pour échapper au risque de faire un livre de ce
qui ne doit être, selon vos désirs, qu'un rapide et premier exposé, je remets à une autre époque de parler
de l'école des Arts et Métiers de Strasbourg , d'une
journée passée dans l'excellente institution agricole de

charité de Newhof, à laquelle la société doit déjà la transformation d'enfants dépravés et perdus en valets de ferme vertueux et diligents (1). Assuré de retrou-

(1) Depuis que Fellemberg, aidé de l'inimitable Werhli, a démontré quels admirables résultats on pouvait obtenir par l'établissement d'instituts agricoles d'orphelins, les écoles semblables se sont rapidement propagées en Suisse et en Allemagne. La ville de Constance a confié à Werhli lui-même le soin de former des maîtres pour des institutions de ce genre. Il y a près de Bâle une fondation pieuse dans ce but.

Ces écoles se proposent uniquement de recevoir et de rendre meilleurs, en les développant moralement et physiquement, ces malheureux enfants des villes qui, sans parents, ou appartenant à des parents vicieux et coupables, étaient, pour ainsi dire, d'avance voués aux vices. Des personnes charitables, organisées en société de bienfaisance, recherchent et recueillent ces pauvres enfants dans les villes, et les envoient à l'école fondée par leurs soins. Là, ils sont confiés aux soins d'un ménage pieux et zélé. Le mari, auquel on donne le nom de père de famille, ordinairement secondé d'un jeune homme, plus particulièrement chargé de l'enseignement, et d'un honnête et intelligent paysan, à qui est confié le soin de la culture, a la haute direction et responsabilité ; sa femme, qui veille aux soins du ménage intérieur, est plus particulièrement chargée des tout petits enfants.

Les études de l'école alternent avec le travail de la terre ; l'enseignement du chant forme une partie essentielle et heureuse de cette éducation : jamais d'études qui ne commencent et ne se terminent par des chants en chœur, qui sont des cantiques à Dieu. Le maître, placé à son piano, meuble essentiel et indispensable de toutes les écoles allemandes, donne le ton et accompagne. Ce serait vainement que j'essaierais de peindre tout ce que j'ai éprouvé d'émotion la première fois que je me suis trouvé au milieu de ces pauvres enfants, puisés, pour ainsi dire, dans les égoûts du vice, et ramenés ainsi au sentiment du juste, du beau et du bon par le travail agricole, approprié à ces jeunes natures.

Je les ai vus tout joyeux, et sans trop de bruit, quitter l'étude pour aller moissonner par une belle matinée. Avec quel bonheur ils allaient recevoir la faucille des mains du chef des travaux, qui leur souriait et les encourageait ! Mais il y avait du calme dans cette distribution ; on voyait qu'elle était faite à des ouvriers habitués, et non pas à des enfants jouant à la moisson : depuis l'âge de douze à quatorze ans, tous faucillaient. Deux jeunes gens de quinze à seize ans conduisaient du fumier sur des chars attelés de vaches ; les plus petits épluchaient des pois ou tricotaient sous les yeux de la mère de famille. Parmi ces jeunes moissonneurs, était un triste et encore indompté enfant de Paris, envoyé par les soins du consistoire protestant de cette ville.

Depuis son entrée, il avait gardé un silence obstiné. Comme il était sombre, ce pauvre enfant, devant ces beaux épis, que ses anciens de quatorze ans abattaient si joyeusement ! cependant il ne murmurait pas ; il regardait faire, et es-

ver, dans des notes longuement écrites, les impres-
sions si diverses que m'a causées la vue de cette Allemagne agricole tant souhaitée, je me tairai sur la bienveillance de l'accueil de M, le baron d'Elrichshansen,
président de la société d'agriculture de Carlsruhe ; sur
l'obligeance avec laquelle il a bien voulu me fournir
les moyens nécessaires pour bien connaître une ferme
à l'anglaise établie par lui dans le domaine d'un mar-
grave, après un voyage fait exprès en Angleterre. En-

payait un peu, « Il s'y fera, monsieur, disait le chef des travaux, et ce sera
un de nos meilleurs, soyez en sûr; » et je crois qu'il avait raison. Quelle nature
rebelle pourrait résister à cette éducation, si admirablement faite pour saisir toute l'enfance partout ce qu'il y a de plus saisissable en elle ? Ces enfants,
gardés jusqu'à dix-sept et dix-huit ans, sont ensuite placés comme domestiques chez d'honnêtes cultivateurs, où ils se distinguent bientôt parmi les
plus diligents et les plus vertueux.

Depuis Strasbourg, j'ai vu quatre à cinq de ces écoles, et je crois les avoir
bien étudiées. J'avais grand intérêt à les connaître ; car, depuis longtemps,
je me suis bercé de l'idée d'en pouvoir joindre une à quelque grande exploitation que je fonderais. C'est là une des espérances que j'ai caressées avec le
plus d'amour. Mon établissement à la Saulsaie me permettra, je pense, de
là voir se réaliser. Dans aucune situation, que je sache, une école semblable
ne pourra produire plus de bien. Je commencerai simplement, sans bruit,
avec mes faibles ressources ; j'aurais cinq à six enfants dans une petite dépen-
dance de ma ferme, dans une position choisie pour devenir, au besoin, siége
et modèle de petite culture flamande : car, ici, il ne doit pas être question
d'économiser les bras, mais au contraire, de créer une culture dont les travaux seront assez variés pour occuper tous les âges. Ces enfants auront quelques vaches, prendront aussi part à certains travaux de mon exploitation
principale. Un homme de mon choix sera le père de famille ; le voisinage
d'une ville populeuse devra fournir l'occasion d'un travail fructueux pour les
petits enfants. Puis, si quelques hommes de bien, propriétaires autour de
moi, viennent à penser qu'il y va de leur intérêt et de celui du pays, de favo-
riser une institution qui aura pour but de leur former des ouvriers et des
domestiques intelligents et vertueux ; plus habile au travail agricole perfectionné à seize ans que ne le seraient les ouvriers ordinaires de vingt ans, ils
m'aideront à la développer, ce ne sera jamais à la porte d'une ville comme
Lyon qu'un établissement charitable pourra sécher en germe.

(*Extrait du cours d'agriculture professé à Lyon,*
*hiver 1839-40.*)

core tout impressionné de la richesse des cultures du
grand-duché de Bade, au milieu desquelles je trouve
tout d'abord un village de trois cents habitants qui
nourrit neuf cents chevaux et trois cents vaches, je
cours au Wurtemberg; et, dans ce pays si avancé,
dont le roi, nouveau Titus, se propose et accomplit
chaque jour une bonne action agricole, nous ne verrons pour le moment que Hohenheim, et dans Hohenheim, que ses instituts, sous un point de vue général;
à leur occasion, et pendant que je serai sur ce sujet,
je tâcherai de donner un aperçu de l'enseignement
agricole *dans toute l'Allemagne.*

J'ai passé dix jours dans cette ferme de l'État, où
vit encore l'esprit de son fondateur, le célèbre prati-
cien Schwertz.

M. de Weckherlin, son habile directeur actuel,
que depuis j'ai retrouvé avec tant de plaisir à Potsdam,
était absent pour le besoin des fermes et des haras
royaux, dont il a la haute inspection. Mais, grâce à
l'obligeance avec laquelle M. le sous-directeur a mis à
ma disposition, pendant tout mon séjour, et la comptabilité, et le directeur des travaux lui-même; grâce
aux communications de l'excellent M. Gœritz, professeur d'économie rurale; grâce, enfin, à un travail
obstiné d'une partie des nuits après des journées consacrées à suivre les travaux, je crois m'être mis en état
de faire connaître Hohenheim, sa ferme et ses instituts
dans leurs plus intimes détails. J'espère bientôt rem-

plir cette tâche, avec toute la rigueur qu'on doit apporter à l'accomplissement d'un devoir.

Je ne pensais pas qu'il existât un vaste établissement
d'enseignement agricole qui réalisât aussi bien l'idée
que je m'étais faite d'une ferme-école vraiment utile.
L'esprit d'ordre dans le travail de cet établissement,
son incessant progrès vers la perfection , représentent
parfaitement l'esprit de suite et l'admirable intelligence
avec lesquels le roi de Wurtemberg travaille sans re-
lâche à tout ce qui peut enrichir son peuple sans le
pervertir.

Les opérations d'Hohenheim sont examinées scru-
puleusement chaque année par un contrôleur de l'État,
qui y réside à cet effet une quinzaine de jours. Le roi
y vient lui-même fréquemment s'assurer que tout va
bien. Hohenheim comprend deux instituts : un institut supérieur et une école d'apprentis. Le premier
réunit un grand nombre de jeunes gens des hautes
classes autour d'une dizaine de professeurs d'un vrai
savoir. On y enseigne à des élèves libres, au milieu de
collections variées et très-riches, toutes les sciences préparatoires de l'agriculture et, avec elles, l'art forestier.

A côté de cette haute école, marche modestement
et sans avoir rien de commun avec elle, si ce n'est pour
l'étude de l'art vétérinaire, l'école des apprentis, composée de jeunes gens de dix-huit à vingt-deux ans; ils
ont dû, pour être admis à l'avantage d'être chargés
pendant trois ans de tous les travaux de la ferme et du
bétail (car il n'y a pas de domestiques, eux seuls en

tenant lieu), faire preuve d'une habitude déjà prise
du travail agricole, et se soumettre à une discipline
qui n'a pas d'autre but que de les préparer à devenir
un jour d'excellents fermiers ou régisseurs recherchés.
Chaque année, il y a quarante demandes pour huit
places à donner. Peu après mon départ, j'ai appris
qu'un morave en avait engagé cinq à six. J'ai vu, parmi ces jeunes gens, le fils d'un médecin, professeur
distingué à Stuttgard, grand et vigoureux jeune homme,
que tous ses camarades et ses maîtres aimaient, le meilleur ouvrier entre tous, et qui, pour obtenir d'être admis, avait préalablement passé une année dans une
ferme. Il finissait sa troisième année, et allait en passer une, la cinquième de son apprentissage, dans le
haut institut.

Avec quel intérêt j'ai suivi la marche régulière de
cette excellente école ! Je me levais avec ces jeunes
gens, à trois heures du matin, pour les voir distribuer la nourriture au bétail, faire le pansement et sortir le fumier ; opération qui, lestement faite, allait cependant jusqu'à cinq heures. De cinq à cinq et demie,
déjeuner ; puis, alignement dans la cour de ferme et
distribution paisible, et cependant prompte, du travail à chacun par le directeur des travaux, Henz, le
précieux élève de Schwertz; départ sans bruit de vingt-
quatre bœufs et dix chevaux, avec chars et charrues ;
les plus anciens à la tête des divers ateliers d'ouvriers.
Cessation du travail à onze heures, et repas d'une demi-
heure ; soins du bétail ; puis, distribution nouvelle du

travail, qui dure jusqu'à sept heures. Après souper,
leçons, qui, dans l'hiver, ont aussi lieu dans le cou-
rant de la journée.

Il faut, ainsi que je l'ai fait, avoir questionné les
cultivateurs tout le long de ma route, pour reconnaître
l'influence d'une pareille école sur l'agriculture de tout
un pays. Aussitôt entré dans le Wurtemberg, je n'a-
dressais pas une question sans obtenir une réponse
claire, précise, disant beaucoup en peu de mots. Ce
n'était pas, par exemple, comme en Bavière, une longue suite de récoltes qui m'étaient jetées sans ordre, et
au milieu desquelles j'avais bien de la peine à démêler
l'assolement suivi ; dans le Wurtemberg, on me disait de suite : « Nous suivons tel assolement (ordinairement celui de trois ans perfectionné); la jachère de
la première année est remplacée par telle récolte, celle
de la quatrième par telle autre ; l'orge cède quelquefois la place à une jachère de printemps pour le colza,
ce qui maintient nos terres propres; le trèfle, qui ne
revient que tous les douze ans, est très-beau; telle quantité de prés, nous permet de fumer tous les trois ans; »
ou bien, ailleurs : « nous n'aurions pas assez de prés
pour fumer tous les trois ans, mais une rotation exté-
rieure, dans laquelle est admise la luzerne, nous fournit, avec la paille, tous les matériaux de fumier nécessaires. Mais y a-t-il longtemps que vous avez adopté
cette culture ? — Une dizaine d'années environ ; elle
a réussi parfaitement à M. ***, élève d'Hohenheim,
fermier à .... : nous l'avons presque tous adoptée. —

5

Et ces vesces vertes, ces luzernes vertes aussi que vous hachez comme de la paille pour nourrir vos bœufs et vos vaches, est-ce une habitude générale? — Personne maintenant ne fait autrement : nous gagnons par ce procédé le tiers de notre fourrage; M. ***, d'Hohenheim, ne fait pas autrement. » Hohenheim, toujours Hohenheim ; non pas le scientifique Hohenheim qui, peuplé de Dalmates, de Russes, de Hollandais, fait des directeurs de fermes et des chefs d'instituts pour la terre étrangère, mais le Hohenheim paysan, l'école des apprentis, fils de fermiers ou propriétaires wurtembergeois, qui, chaque année, garnit les exploitations de cet heureux pays de cultivateurs laborieux et intelligents, qui suivent une culture raisonnée et fructueuse, grâce à un apprentissage sérieux.

Tout homme qui a été à même de reconnaître combien l'enseignement des bonnes pratiques agricoles marche plus vite du paysan au paysan que des *messieurs* aux paysans, ne sera pas étonné de ce résultat.

L'institut pratique d'Hohenheim, approprié aux besoins de la culture moyenne du Wurtemberg, a ses analogues, dans l'Allemagne du Nord, dans toutes les exploitations de ce pays. Là, pas de fermiers, si ce ne sont ceux des domaines royaux : tout propriétaire, tout grand seigneur élève de Thaër, ou formé à l'école de ses élèves, fait valoir lui-même ses propriétés, pourvoit, par des rotations parfaitement entendues, à ce que le domaine puisse nourrir le nombre d'animaux nécessaires, et, soit absent, soit présent, place à la tête de ses travaux un jeune homme appelé premier *Verwalter*. Celui-ci a dû auparavant, dans d'autres exploitations, passer par les grades de troisième et de deuxième Verwalter pour être amené graduellement au poste qui lui est confié; et, à son tour, il a, pour le seconder, un second et quelquefois un troisième Verwalter, suivant l'étendue de la propriété.

Car voici comment les choses se passent dans l'Allemagne du Nord. Un jeune homme de seize ans qui veut se livrer à l'agriculture est reçu chez un cultivateur appelé *Econome* dans ce pays, qui le prend pour trois ans, et qui reçoit de lui un prix de pension. La première année, il est chargé de ce qu'on appelle la *cour* (soin des étables, des fenils, de la grange, des greniers, etc.). La deuxième année, il exécute, de même que les valets de la ferme, les travaux les plus simples de culture; une charrue lui est confiée au bout de quelque temps; plus tard, il sème; la troisième année, il aborde les comptes. A l'expiration de ces trois ans, ce jeune homme est reçu dans une autre exploitation comme deuxième Verwalter. Il y reste ordinairement deux ans; puis, s'il ne va pas à un institut pour se mettre en état de diriger lui-même soit une propriété où le propriétaire ne réside pas, soit une ferme royale, soit une ferme qui lui appartient, il trouve aisément, moyennant de bons témoignages, une place de premier Verwalter aux appointements de 6 à 800 fr. Celui qui se charge de la direction des travaux d'un domaine où le propriétaire ne réside pas, reçoit souvent le double, et un intérêt dans le cas où il est responsable.

Chez les fermiers des domaines royaux, les choses se passent de même ; car, à le bien prendre, ces fermiers, si ce sont des agriculteurs vraiment capables, peuvent être considérés comme des propriétaires. Il n'y a pas d'exemple que, dans ce cas, on leur retire leur ferme à l'expiration du bail, qui est de vingt ans, ou qu'on l'augmente d'une manière bien sensible. *Je puis me considérer ici comme chez moi*, me disait M. Maas, habile fermier d'un domaine royal dans la Poméranie. Aussi M. Maas, en entrant en ferme, n'avait pas craint de dépenser une cinquantaine de mille francs, seulement en marnages, desséchements et défrichements.

Le haut Institut scientifique agricole d'Hohenheim, qui reçoit des jeunes gens libres, a pour analogues, dans l'Allemagne du Nord, Eldena, en Prusse, dirigé aujourd'hui par M. Pabst ; Tharandt, en Saxe, qui a pour directeur M. Schweitzer, et, près de Berlin, cette ferme-école du beau nom de Moëglin, à la tête de laquelle est placé un homme, dont le nom, qui n'est pas moins célèbre, doit être cher à tout ami de l'agriculture, M. Thaër, qui, après une longue pratique puisée à l'école de son père, des voyages agricoles sérieux, et une gestion de neuf ans en Russie, où il a laissé la réputation d'un habile administrateur et d'un éleveur consommé de bêtes à laine, a succédé à son père dans la propriété et la direction de Moëglin et de sa ferme, qui nourrit un troupeau de mérinos de la plus grande distinction; il fait valoir, indépendamment, deux autres vastes propriétés de terres sablonneuses, acquises par lui depuis peu de temps. Dans l'une d'elles, cent vingt-cinq hectares ont été marnés l'été dernier (1).

Reçu comme un frère par M. Thaër, qui a bien voulu, pendant dix jours, mettre à ma disposition tout ce qui pouvait me mener au but de mes recherches, et sa comptabilité, et le directeur des travaux, et enfin lui-même, toutes les fois qu'il en avait la liberté; accueilli avec cordialité par les élèves et les professeurs, dont plusieurs ont eu l'obligeance de me servir de guides dans mes excursions, je crois, non-seulement bien connaître Moëglin et son habile directeur, mais encore être à même de les faire connaître. Ce ne sera pas la partie la moins agréable ni la moins importante de la tâche que je me suis imposée pour cet hiver. Qu'il me suffise, quant à présent, de dire que Moëglin est tout simplement une exploitation de cinq cents hectares de terres labourables, dans laquelle deux rotations, se prêtant l'une à l'autre un mutuel appui, et des travaux jamais cumulés et toujours faits à temps, font obtenir, chaque année, sans train et sans grand état-major, le

(1) Le domaine de Moëglin, composé de cinq cents hectares environ, a été acheté par M. Thaër père, avec le produit de la vente de cent soixante-quinze hectares de marais desséché dans l'ancien lit de l'Oder, donnés à M. Thaër, avec une pension de 15,000 fr., par le roi de Prusse, en 1804, pour l'attirer dans ses États, à la charge de cultiver, d'établir une académie d'agriculture et de professer cet art. En 1814, le roi érigea l'institut de Moëglin en académie royale, et les professeurs nommés par M. Thaër prennent rang parmi les professeurs de l'université, et sont payés par le gouvernement. Le domaine de Moëglin, lorsque M. Thaër l'acheta, rendait à peu près 6,000 fr.; et, aujourd'hui, avec la bergerie, il rend plus de 30,000 fr.

plus beau bénéfice net qu'il soit possible de constater
sur des terres à seigle, très-pauvres pour la plupart.

On verra combien est simple et peu coûteuse l'administration de M. Thaër. Quelques mots échangés
chaque soir entre lui et son Verwalter m'ont toujours
paru suffire pour la bonne exécution des travaux du
lendemain, sans que jamais M. Thaër ait eu à consu-
mer ses journées dans une surveillance agitée : pas
d'ordres impératifs; plus de renseignements demandés
que d'injonctions faites; et cependant le premier Verwalter de Moëglin n'y est que depuis peu de temps.
Mais c'est que personne mieux que son expérimenté directeur ne sait créer et mettre à profit les ressources
qu'offre l'organisation dans l'agriculture, ce qu'il appelle l'agriculture *organisée;* et par ce mot, il entend
toute administration agricole qui, comptant l'intelligence des employés comme une force, qu'il est d'une
bonne économie de faire servir à son usage tout entière, lui laisse toute liberté d'action dans l'arrangement
des détails, après l'avoir toutefois renfermée dans les
limites d'un plan dont les indications, bien classées, rendent tout écart impossible.

A cette agriculture, il faut, suivant M. Thaër, oppo-
ser l'agriculture *machine,* celle où le directeur, toujours à cheval, toujours surveillant les ouvriers, dispose
tout, ordonne tout, mais aussi voit tout mouvement se
ralentir ou cesser dans la machine dès que sa main
vient à appuyer faiblement sur la manivelle. En effet,
avec quelque rare perfection que soit montée une ma-

chine, jamais une roue ne pourra transmettre que la
force qu'elle aura reçue, tandis que l'intelligence des
employés, laissée libre dans une organisation habile,
sait elle-même créer d'autres forces.

Déjà, chez M. de Raumer, en Silésie, j'avais eu occasion d'admirer les heureux résultats d'une agriculture
organisée dans le sens que nous venons d'attacher à ce
mot. M. de Raumer fait valoir un domaine de treize
cents hectares, dont il est maintenant propriétaire,
après en avoir été fermier pendant une vingtaine d'années. Ce domaine est divisé en cinq siéges d'exploitation; il a dans chacun, indépendamment des valets
nécessaires, deux Verwalter paysans : le premier, marié, dirigeant tous les travaux ; le second, chargé principalement de tenir en état les instruments et les chars,
mais partageant aussi avec le premier la surveillance,
quand cela est nécessaire. Tous les samedis soir, M. de
Raumer réunit chez lui les premiers Verwalter dans
une conférence qu'il préside. Là, on discute ce qui a
été fait, ce que l'on doit faire. A chaque observation
de M. de Raumer, le Verwalter, non-seulement peut,
mais doit donner son avis, attendu qu'aucun travail
n'est ordonné sans qu'il n'ait été amené par sa raison à en goûter la convenance. Il exécute ainsi avec
intelligence ce que son intelligence a adopté. L'avis de
M. de Raumer est aussi qu'en bonne économie il faut
faire servir à son usage toutes les facultés de l'homme
que l'on emploie et que l'on paie. Or, un ordre impé-
ratif de faire tel travail laisserait dormir, et par consé-

quent oisive une intelligence qui, dans l'organisation
dont nous parlons, est toujours en action et peut rendre
de grands services.

Ce n'est là, chez M. de Raumer, qu'un des traits de
son administration agricole, toute calculée pour qu'il
puisse faire valoir, sans fatigue et avec des profits qu'at-
teste suffisamment sa récente acquisition, une propriété
aussi étendue, qui a deux distilleries d'eau-de-vie de
pommes de terre, toutes récoltées chez lui, et qui, l'année passée, en a fabriqué quarante mille quintaux. Il
la verrait, me disait-il, doubler sans effroi maintenant.
Quand j'aurai à rendre compte de cette ferme, une des
plus remarquables de la Silésie, on me saura gré de
faire connaître une foule de détails de cette administration, si simple, qu'elle n'a pour employés que des
Verwalter sortis de la classe des paysans. On verra,
dans mes comptes-rendus des principales exploitations
de l'Allemagne, que, dans toutes, on entend admirablement cette science d'organisation dans la culture des
champs, qui assure les profits de l'agriculture, en
même temps qu'elle en fait le charme.

L'habile directeur de Moëglin s'est donné pour mission de pénétrer de ces principes l'esprit de ses élèves,
jeunes gens d'un âge mûr, qui, à la veille d'entreprendre la gestion de vastes propriétés, viennent chercher
à Moëglin l'enseignement théorique, après s'être rompus à la pratique pendant cinq ou six ans. Nourris à la
table de M. Thaër, et logés dans un bâtiment appelé
*Académie*, qui n'est séparée de l'habitation du proprié-

taire que par un jardin, ils reçoivent, plusieurs fois
par semaine, des leçons sur l'économie rurale de
M. Thaër, d'art vétérinaire et de botanique de M. Kürs,
de physique et de chimie agricole de M. Korte, beau-
frère de M. Thaër, qui exploite avec habileté et bonheur une ferme peu éloignée. J'ai été heureux de
rencontrer cet exemple de professeurs vivant, hors le
temps de leurs leçons, d'une vie toute agricole. C'est
là, suivant moi, une bonne chose, et que je souhaiterais
dans toute ferme-école bien organisée. Si M. le ministre voulait prendre la peine de jeter les yeux sur un
petit écrit publié, avant mon départ pour l'Allemagne,
sur la question, alors agitée, d'une ferme-école en Dombes (1), il y verrait qu'après avoir recherché les moyens
de doter de sérieuses écoles d'application pratique l'a-
griculture de ce pays si malheureux, et cependant si
plein d'avenir, je regardais comme une chose possible
et désirable que les différents professeurs fussent eux-
mêmes exploitants.

Après avoir parlé d'Hohenheim et de Moëglin, il
me restera, pour compléter cette première étude de
l'enseignement agricole dans l'Allemagne, à dire quelques mots d'une exploitation qui, par le profond savoir
de celui qui la dirige, la variété de ses rotations, leur
appropriation aux circonstances de lieu et de terrains,
et le excellents enseignements que peuvent y puiser les
apprentis, m'a paru être le type de ces nombreuses fer-

(1) Cet écrit épuisé vient d'être réimprimé et placé dans cette livraison ; il
précède immédiatement le Rapport au ministre.

mes-écoles qui, sans institut, sans professeurs, peuvent cependant former d'excellents Verwalter : je veux parler de l'exploitation de M. de Wulfen à Pitzpuhl, situé près de Bourg, sur la route de Magdebourg à Berlin.

Mais, auparavant, qu'il me soit permis de jeter un rapide coup d'œil sur la route que j'ai parcourue pour m'y rendre.

Arrêté pendant huit jours à Munich pour me délasser de mes études obstinées à Hohenheim, j'ai bien vu cette ville, si remarquable sous le rapport des arts. J'ai causé avec Cornélius devant son immense et admirable fresque du *Jugement dernier;* j'ai visité dans ses ateliers tout un monde de peintres, sculpteurs, fondeurs, que le roi de Bavière a réunis autour de lui pour faire revivre les jours de Raphaël et de Michel-Ange. Ce sont partout constructions nouvelles. Au monument, à peine achevé, succède une église, dans laquelle un jour religieux ne pénètre qu'à travers des vitraux de couleur, qui sont d'admirables tableaux ; puis, tout un palais nouveau, où j'admire une salle des ambassadeurs, qui, certainement, n'a pas son égale à Paris. Mais, patience : il n'y a pas de penseur dans la confédération germanique qui ne rêve la grande unité allemande, pas de rois qui n'aspire à être le chef de cette puissante famille; et, dans cette espérance, on fait des salles du trône, qui, en attendant, vivent et s'animent des grands souvenirs de l'histoire, sous le pinceau des plus habiles peintres de l'Allemagne. La ville bourgeoise a quinze cents maisons vacantes ; mais, grâce à l'activité artistique du roi de Bavière, la ville des demi-dieux n'en aura aucune qui ne soit bien habitée.

Le temps que j'ai mis à me rendre de Munich à Leipsik, par Nuremberg et Bamberg, a suffi pour me permettre de prendre une idée générale de ces pays de moyenne et de petite culture, où j'admirais de nombreux et jolis villages, qui se pressaient sur le bord de ma route, au milieu de cultures variées, toujours riches dans les vallées où il y avait abondance de prairies, et ne montrant de jachères que sur les points élevés où les prairies manquent. Là où la terre est trop sablonneuse pour payer les peines du laboureur, s'étendent de magnifiques bois de pins, que l'on voit suspendus au-dessus des moissons, et au milieu desquels s'enfoncent presque toujours de vertes prairies ; car, dans ce pays, on dirait que les bois de pins font partie des assolements, tant ils sont mêlés à la culture, et tant ils s'arrêtent proprement au bord d'un champ de trèfle ou de colza ; c'est ce qui fait que ces campagnes n'ont pas de positions tristement dénudées. Il n'est pas de sable sujet à être emporté par le vent qui ne puisse être semé en pins. J'ai, depuis, assez étudié cette culture ; j'en ai vu sur des graviers profonds, qui n'étaient recouverts que de six pouces de terre, et dans des sables blancs, où des brins de sarrazin n'atteignaient pas six pouces de haut. Voilà pourquoi, dans l'Allemagne du Midi, où l'art forestier est si avancé, les mauvaises terres ne font pas disparate, comme dans certaines contrées de la France, avec les parties les plus riches.

Avant d'arriver à Leipsik, j'ai fait une halte dans le fertile pays d'Altenbourg. Les excellents renseignements que j'ai pris chez Paul Porzig, l'un de ses plus habiles cultivateurs, m'ont mis à même de faire connaître dans les moindres détails une exploitation de cette Flandre allemande. Après être resté dans les environs de Magdebourg le temps nécessaire pour bien connaître cette contrée si extraordinairement fertile, j'ai couru à Pitzpuhl, où j'avais hâte d'arriver. C'était la porte qui devait m'introduire dans le pays de grande culture, but de mon voyage.

Aussi longtemps que je garderai le souvenir de cette heureuse époque de ma vie, je me féliciterai d'y avoir été reçu par M. de Wulfen. Le compte-rendu de l'exploitation, ou plutôt des exploitations de cet homme remarquable, a été le sujet d'une brochure que j'ai publiée en Allemagne; ainsi je crois être à même d'en donner une idée bien juste à mes compatriotes. Ce que j'en dirai maintenant ne sera qu'un aperçu semblable à celui que j'ai donné d'Hohenheim et de Moëglin.

M. de Wulfen, auteur d'une statique agricole à laquelle j'ai fait quelques emprunts dans mon *Mot d'avis aux agriculteurs commençants,* possède, dans l'ancien royaume de Westphalie, à une petite journée du lieu où il réside, une magnifique propriété de cinq cents hectares de terre d'excellente qualité, où il a tracé quatre assolements différents, appropriés aux différentes natures du sol. Une partie, de deux cent quatre-vingt-cinq hectares, propre à la luzerne et au

sainfoin, suit un assolement de dix-neuf ans ; une autre, de soixante hectares, de nature plus humide, et
dans laquelle le trèfle devient superbe, suit un assolement de douze ans. Deux autres parties, l'une de quinze
ans et l'autre de trente, sont consacrées à la production
des graminées, pour pâturage des bêtes à laine : dans
l'une, l'assolement est de sept ans, et dans l'autre, de
six ; dans toutes deux, le pâturage se compose d'un
mélange de trèfle ordinaire et de *phleum pratense*, dont
on ne prend qu'une seule coupe la première année ;
sur son défriché, on sème l'avoine. M. de Wulfen a
confié la gestion de cette propriété, qu'il visite souvent,
à un premier Verwalter, qui a deux autres apprentis,
activement occupés aux travaux de la ferme. Propriétaire, en outre, près de la petite ville de Bourg, d'un
immense désert de sable, il a préféré y établir le siége
de son exploitation, s'attachant à sa culture en raison
des difficultés qu'elle offrait; on verra comment il les
a surmontées heureusement à l'aide d'une immense
culture de lupins, qui, chaque année, sont enfouis en
pleine fleur pour le seigle, et aussi à l'aide de la luzerne,
que des marnages abondants ont fait prendre sur ce
sable que le vent charrie. J'ai vu, dans le mois d'août,
faucher la seconde coupe, haute de vingt pouces. C'est
après avoir étudié dans le midi de la France les heureux
effets de ces deux admirables plantes sur les sables, qu'il
les a largement introduites chez lui dans des assolements
réguliers. Sa reconnaissance pour elles et pour le pays
qui les lui a données est sans bornes ; ce qui lui faisait

# 78

dire, quand j'eus l'honneur de me présenter à lui :
« Monsieur, soyez le bien venu ; j'ai contracté tant de
dettes envers la France, que je serai heureux de les acquitter envers vous. » Puissent les agriculteurs de mon
pays, quand ils auront fait leur profit des utiles enseignements que je leur porterai de la part de M. de Wul-
fèn, et qu'ils verront venir à eux ses fils en voyageurs,
se souvenir, en leur faveur, qu'il est des dettes qu'on
ne saurait acquitter !

La propriété de Pitzpuhl se compose de douze cent
cinquante hectares ; trois cent soixante de sable presque pur, impropre à la culture, sont plantés ou
destinés à être plantés en pins, et huit cent quatre
vingt-dix sont cultivés en huit rotations différentes, suivant qu'ils sont propres, ou non, à la luzerne et aux
pommes de terre, et suivant aussi qu'ils sont plus ou
moins éloignés des bâtiments d'exploitation. M. de
Wulfen, aidé d'un seul premier Verwalter, qui a sous
ses ordres un chef de labours et un chef de main-d'œuvre, tous deux paysans, suivant l'usage, suffit sans fatigue à cette immense exploitation ; et tout y est si
simple et si bien organisé, qu'il lui reste encore beaucoup de temps pour diriger le premier domaine dont
j'ai parlé.

Il n'est pas seulement parvenu à créer dans ces sables des fourrages pour nourrir de nombreux troupeaux, mais il les distribue avec une intelligence qui
double la somme de valeur nutritive dont se contentent
les cultivateurs ordinaires.

Ainsi, des bœufs de travail, du poids moyen de cinq
cents kilog., ne reçoivent en hiver que de la paille hâ-
chée, à laquelle on a ajouté une faible quantité de pommes de terre (six kilog. par jour et par tête). Mais voici
comment, sans combustible et au moyen d'une préparation peu coûteuse, cette nourriture devient préféra-
ble à un foin de médiocre qualité. La paille, hachée et
mélangée de pommes de terre crues et coupées en tran-
ches, est d'abord légèrement arrosée d'eau salée, et ensuite jetée dans des caisses, où elle est fortement tassée.
La fermentation, résultat nécessaire de cette préparation, suffit seule pour cuire le mélange. Ordinairement au bout de trois jours, la chaleur est assez forte
dans le tas pour qu'il soit impossible d'y tenir la main,
et pour que les pommes de terre soient entièrement cuites. C'est ce moment qu'il faut choisir pour distribuer
la nourriture à l'état presque bouillant. Chez M. de
Wulfen, il y a pour trente-deux bœufs, trois caisses,
et dans chacune d'elles, à peu près cent pieds cubes de
mélange, quantité suffisante pour la ration journalière
de trente-deux bœufs. Chaque caisse n'est entamée que
lorsque le fourrage qui y est contenu est complétement
cuit; ce qui a ordinairement lieu, ainsi que je l'ai dit,
au bout de trois jours pour une masse de cent pieds
cubes, mouillée comme il convient et mis en fermentation dans un lieu chaud. On conçoit qu'il suffit de
préparer chaque jour une caisse pour qu'il n'y ait jamais arrêt. Pour la commodité du service, on doit en
avoir une quatrième, que l'on remplit aussitôt que l'on

commence à vider une des trois autres. On donne trois
repas par jour.

Pour les vaches, la paille hachée est arrosée de résidus d'eau-de-vie de seigle , auxquels on a mêlé des
pommes de terre cuites et écrasées. Bien que cette
nourriture les entretienne parfaitement, on a remarqué
qu'elle était mangée moins avidement par elles que le
fourrage fermenté l'était par les bœufs.

M. de Wulfen regarde cette nouvelle manière de
nourrir le bétail comme l'une des découvertes les plus
précieuses pour l'agriculture. Depuis qu'il la connaît,
il regrette d'avoir monté une distillerie , dont le principal objet était de lui donner des résidus destinés à
augmenter la valeur nutritive de ses pailles.

Des précautions toutes simples sont nécessaires dans
la préparation du fourrage fermenté. Faute de les avoir
observées , plusieurs cultivateurs en ont abandonné
l'usage par suite d'accidents , que M. de Wulfen n'a
jamais éprouvés.

M. de Wulfen , d'accord sur ce point avec les cultivateurs les plus éclairés de l'Allemagne , dit que la valeur nutritive des différentes matières alimentaires autres que le foin , dépend beaucoup de la manière dont
on distribue les rations aux animaux. Ainsi , une livre
de pommes de terre donnée par jour à un mouton produira, je suppose, un effet de dix ; si l'on en donne deux
livres , chacune ne produira plus qu'un effet de huit.
La nourriture qui consistera pendant deux mois en betteraves champêtres mélangées avec des pommes de

terre, fera beaucoup plus que si, dans le premier mois, on avait mangé toutes les pommes de terre ; puis, dans le second , toutes les betteraves. Chez M. de Wulfen, la valeur alimentaire du seigle non battu, qu'il donne quelquefois à ses bêtes à laine, est bien plus élevée s'il n'en donne qu'une fois par jour au lieu de deux, et plus élevé si deux fois au lieu de trois. Trois quarts de livre de tiges sèches de topinambours ont chez lui , pour les moutons , la même propriété nutritive qu'une livre de bon foin ; tandis que, si l'on donne trois livres en un jour à une tête, chaque livre vaudra tout au plus trois quarts de livre de foin.

Les personnes qui connaissent mon ouvrage (1) , et qui savent combien j'insiste sur la nécessité, d'abord de produire du fourrage , puis ensuite de le distribuer au bétail avec intelligence , doivent penser avec quel intérêt j'ai reçu tous ces détails, et cent autres semblables, de la bouche de M. de Wulfen.

Heureux les élèves qui sont à l'école d'un tel maître ! *Sua si bona nôrint !* Heureux le voyageur qui, ainsi que moi, a pu être introduit par lui dans cette belle industrie agricole allemande ! Jamais je ne perdrai le souvenir des quelques jours que j'ai passés auprès de M. de Wulfen et de son excellente famille, qui m'a paru si heureuse du bonheur qu'elle répandait autour d'elle ! Si je pouvais abandonner un instant les choses agricoles, que n'aurai-je pas à dire des aperçus fins, des hautes considérations morales dont cet esprit judicieux se

(1) *Un mot d'avis aux agriculteurs* (Chez les mêmes libraires).

6

mait les longues conversations que nous avons eues.

M. de Wullen est venu, en 1814, défendre, dans notre pays, l'indépendance du sien. Capitaine préposé à la garde d'un pont où tout son régiment périt, couvert de blessures, il fut fait prisonnier à une condition qui dit tout le respect accordé à la valeur de sa défense ; il fut convenu qu'il ne déposerait les armes que devant la tente de l'Empereur. Je n'ai rien su de ces détails pendant que j'étais chez lui ; son extrême délicatesse se serait refusée à me les donner ; mais nous parlions souvent des suites déplorables des guerres, de ce besoin de paix si nécessaire au développement agricole de nos deux pays. Nous nous félicitions tous deux de vivre à une époque où nos souverains, enseignés par les malheurs du temps, s'étaient dévoués à satisfaire ce pressant besoin de nos pays fatigués. Ces causeries si douces seront toujours présentes à ma mémoire. Oserai-je dire quelle impression elles laissaient dans son esprit ? « Depuis que je connais ce Français, disait-il de son interlocuteur à M. Dürr, qui m'accompagnait et qui me l'a répété, mes blessures ne me font plus de mal. » Si je me laisse aller au plaisir de redire ce mot, que j'ai religieusement rapporté comme une fleur qui longtemps parfumera mes souvenirs, c'est, M. le Ministre, qu'il m'est impossible de faire entendre en moins de paroles, que je crois avoir fait tout ce qui dépendait de moi pour être, en Allemagne, un fidèle interprète des sentiments qui animent en France tous les esprits droits.

C'est seulement après ma visite à Pitzpuhl que je suis

allé à Moëglin, me préparant, ainsi auprès de deux habiles maîtres, à retirer le plus grand profit possible du grand congrès agricole allemand qui allait avoir lieu à Potsdam.

Les trois établissements différents qui viennent de nous fournir l'occasion d'une première étude, Hohenheim, Moëglin, Pitzpuhl, résument assez bien, à mon avis, l'état de l'enseignement agricole en Allemagne : le premier, par son institut pratique, adapté à l'état de la culture moyenne dans le Midi, le second, par son institut théorique, approprié à la grande culture du Nord, et le troisième, par l'enseignement excellent qu'il offre aux jeunes gens en l'absence de tout institut.

S'il résulte de ce premier aperçu que le midi et le nord de l'Allemagne ont des écoles d'agriculture pratique et théorique parfaitement adaptées à l'état de la propriété dans ces deux contrées, il n'en ressort pas moins évidemment que ce pays doit ses habiles cultivateurs, propriétaires, régisseurs ou fermiers à l'usage reçu de faire, d'une sérieuse et rude pratique, la base de toute instruction agricole, et de n'aborder un institut que lorsque l'épreuve d'une vocation décidée a déjà été faite et que l'on connaît parfaitement la langue du pays que l'on vient explorer. Tout grand cultivateur qui, maintenant, se repose sur un régisseur du soin des détails du plan de culture qu'il a tracé, a passé par ces conditions. « Nous ne faisons aucun cas comme régisseur d'un homme qui n'a été que dans un institut, » me disait M. Pogge, un des plus habiles cultivateurs du Mecklembourg.

De cette vérité admise et confirmée par l'expérience, qu'il n'y a point d'instruction agricole complète si l'on s'est livré à l'étude de l'art sans la connaissance approfondie du métier, il résulte que tout Allemand qui veut faire de l'agriculture va d'abord, ainsi que je l'ai dit, l'étudier sous des maîtres habiles ; puis, quand il s'établit, reçoit à son tour des aides-apprentis, à l'instruction desquels il consacre tous les loisirs que lui laisse une telle organisation. Voilà ce qui a créé en Allemagne autant d'excellentes écoles d'agriculture qu'il y a de domaines cultivés.

Qui pourrait douter qu'une telle force ne lui permette de prétendre un jour aux plus belles destinées agricoles ?

Il me semble que la méditation de ces faits est bien propre à nous inspirer de sérieuses réflexions ! Bien qu'en France nous n'attendions rien de bon d'ingénieurs, de constructeurs de machines qui, après les premières études théoriques, n'ont pas été à quelque école d'application ou dans les ateliers qui en tiennent lieu, il nous semble que deux ou trois années de théorie agricole peuvent mettre un jeune homme en état de pouvoir aborder résolument une gestion difficile chez un propriétaire qui ne sait rien de l'agriculture, sinon qu'il faut lui demander le moins d'argent possible, et cependant améliorer promptement son domaine afin qu'il puisse l'affermer dans le plus bref délai à des conditions avantageuses.

Je crois que, maintenant, assez de non-succès nous ont

préparés à comprendre qu'il y avait une autre marche à suivre.

Mais où chercher pour l'agriculture ces écoles d'application qui ne manquent en France à aucune profession ?

Il est certain que, si, dès le moment ou des hommes honorables et éminents en agriculture songèrent à créer l'instruction agricole en France, on eût su résister à la tentation de grouper autour de soi un grand nombre d'élèves, d'où résultait l'impossibilité de les occuper pratiquement, et que l'on se fût contenté, comme à Hohenheim, de n'en recevoir que le nombre rigoureusement nécessaire pour exécuter tous les travaux de la ferme, aujourd'hui, en ne supposant qu'une seule école, créée, il y a douze ans, dans une exploitation qui aurait pu occuper journellement, comme celle d'Hohenheim, vingt-quatre élèves ; en supposant que chacun d'eux, après trois années de pratique et une de théorie, se fût chargé d'une exploitation dans laquelle il aurait à son tour reçu deux élèves, qui auraient aussi dû, par un apprentissage sérieux de quatre ans, se mettre en état de devenir de bons exploitants, maîtres au besoin, nous aurions aujourd'hui, la treizième année de la fondation, *cent soixante-neuf* fermes-écoles, et dans ces fermes, trois cents douze élèves. En poursuivant, si besoin était, nous aurions dans six années, la vingtième de la fondation, mille trois écoles et dix-huit cent vingt-quatre élèves (1).

(1) J'ai supposé que, dans l'école où l'apprentissage aurait une durée de

Les choses se sont passées ainsi , dans l'Allemagne du Nord, chez les premiers élèves de Thaër ; et c'est par l'emploi de tels moyens que le Mecklembourg seul est arrivé à avoir aujourd'hui huit cents écoles d'application, dans chacune desquelles on trouve au moins deux élèves.

quatre ans, et qui ne pourrait occuper utilement que vingt-quatre élèves , il n'en serait entré que six la première année de la fondation , six autres la deuxième , six la troisième , et encore six la quatrième. Mais, cette année là, les six entrant prendraient la place des six qui sortiraient ; ce qui continuerait d'avoir lieu les années suivantes. J'ai supposé également que les deux apprentis admis chez chacun des exploitants maîtres n'y entreraient pas tous deux à la fois, mais l'un après l'autre, à une année d'intervalle ; et que celui qui en sortirait au bout de quatre ans serait remplacé par un autre, qui trouverait , en entrant , un élève ancien pour lui servir de guide et alléger d'autant la tâche du maître.

Voici , ci-après , un tableau qui complétera l'explication que je voudrais donner :

| DATES. | ÉCOLES | 1re EXPLOITAT. | | 2e EXPLOITAT. | | 3e EXPLOITAT. | | 4e EXPLOITAT. | |
|---|---|---|---|---|---|---|---|---|---|
| | | maîtres | élèves. | maîtres | élèves. | maîtres | élèves. | maîtres | élèves. |
| 1840 | 6 | » | » | » | » | » | » | » | » |
| 1 | 12 | » | » | » | » | » | » | » | » |
| 2 | 18 | » | » | » | » | » | » | » | » |
| 3 | 24 | » | » | » | » | » | » | » | » |
| 4 | 24 | 6 | 6 | » | » | » | » | » | » |
| 5 | 24 | 12 | 18 | » | » | » | » | » | » |
| 6 | 24 | 18 | 30 | » | » | » | » | » | » |
| 7 | 24 | 24 | 42 | » | » | » | » | » | » |
| 8 | 24 | 30 | 54 | 6 | 6 | » | » | » | » |
| 9 | 24 | 36 | 66 | 18 | 24 | » | » | » | » |
| 1850 | 24 | 42 | 78 | 30 | 48 | » | » | » | » |
| 1 | 24 | 78 | 90 | 42 | 72 | » | » | » | » |
| 2 | 24 | 54 | 102 | 60 | 192 | » | » | » | » |
| 3 | 24 | 60 | 114 | 84 | 144 | 24 | 50 | » | » |
| 4 | 24 | 66 | 126 | 108 | 192 | 48 | 72 | » | » |
| 5 | 24 | 72 | 158 | 152 | 240 | 72 | 120 | » | » |
| 6 | 24 | 78 | 150 | 162 | 294 | 108 | 180 | 6 | 6 |
| 7 | 24 | 84 | 162 | 198 | 360 | 168 | 276 | 50 | 48 |
| 8 | 24 | 90 | 174 | 234 | 432 | 240 | 408 | 72 | 108 |
| 9 | 24 | 96 | 186 | 270 | 504 | 312 | 552 | 120 | 192 |
| 1860 | » | 102 | 198 | 312 | 582 | 402 | 714 | 186 | 306 |

Si nous admettons que quelque chose de semblable eût pu avoir lieu en France, nous ne pouvons pas nous empêcher d'admettre en même temps que les propriétés recherchées pour être régies ou prises à ferme, eussent été les grands domaines dont j'ai parlé, puisqu'ils se trouvent, ainsi que je me suis efforcé de le prouver, dans des conditions à pouvoir offrir de beaux bénéfices à des agriculteurs instruits, qui abordent l'agriculture comme une industrie, et avec les moyens qui font prospérer l'industrie, c'est-à-dire, avec des capitaux et une connaissance approfondie de l'art et du métier. Et ainsi, la plaie que j'ai montrée dans l'agriculture de la France serait bien près d'être fermée ; et ainsi, l'agriculture française n'aurait rien à envier à celle de l'Allemagne.

Quelle conclusion tirer de tout ceci dans l'intérêt de la France? Que ce n'est pas une raison, parce qu'une chose reconnue bonne n'a pas été faite, de ne pas la commencer ; et qu'aujourd'hui, au lieu d'employer les fonds, soit de l'Etat, soit des départements, soit des sociétés, à la fondation de pompeuses fermes-modèles, qui, avant d'avoir mis la charrue en terre, publient déjà les programmes de leurs cours, on agirait plus sagement en faisant rechercher, dans les différentes parties de la France, les agriculteurs instruits qui tiennent une sérieuse comptabilité et auxquels la culture est vraiment profitable, et en les engageant à recevoir chacun deux ou trois apprentis, qui, au bout de quatre ans seulement, seraient reçus, pour quelques uns au moins, dans une école de théorie. Je voudrais que leur admission chez l'exploitant choisi fût successive, de manière à ce que celui-ci, dans le début d'une carrière de professorat toute nouvelle, n'eût d'abord qu'un apprenti, auquel il s'efforcerait de communiquer son esprit, sans avoir à redouter la fâcheuse influence des camarades. Le second apprenti, qu'il recevrait l'année suivante, trouverait déjà un guide et un bon conseiller dans son prédécesseur ; et ainsi du troisième et du quatrième. La cinquième année, le premier admis pourrait aller à l'école de théorie, assuré de trouver un bon accueil de la part du directeur, je le lui garantis ; et il serait remplacé par un nouveau, qui, reçu tout seul parmi trois élèves déjà imbus de l'esprit de la ferme, en aurait bientôt contracté les habitudes sérieuses et occupées. On comprend, sans que je l'explique, combien la tâche d'un exploitant chargé de diriger un nouveau venu serait allégée par l'aide que lui prêteraient ses anciens élèves; et ainsi, sa position serait aussi douce qu'honorable. Que l'on veuille bien réfléchir qu'il suffirait d'un agriculteur par département, recevant aujourd'hui quatre élèves de la manière que j'ai expliquée, ceux-ci, devenus exploitants après une année de théorie, en recevant également quatre autres, pour que dans dix ans, malgré les lenteurs de la mise en train , la France eût neuf cent quarante-six fermes-écoles , et dans ces fermes, deux mille cinq cent quatre-vingts élèves.

Les écoles de théorie , que nous admettons au nombre de six pour répondre aux besoins des différentes parties de la France , n'auraient chacune à recevoir

que trente élèves chaque année. Pour atteindre à ce résultat, qui est en tout point l'histoire de ce qui s'est
passé en Allemagne depuis trente ans, nous n'avons
besoin de supposer des élèves que chez les premiers
exploitants et chez les agriculteurs formés par eux (1).

Mais, comme complément, et pour ne pas s'exposer
à faire fausse route, il faudrait, puisqu'en définitive
les entreprises agricoles ne peuvent de nos jours s'exercer avec profit que sur de grandes propriétés, choisir,
pour l'enseignement des élèves, des exploitations où
l'on suivrait les assolements qui seuls peuvent rendre
profitable la culture des grandes terres, ceux qui, à
l'état d'exception chez quelques grands propriétaires de

(1) *TABLEAU des résultats d'une école dans un seul
département.*

Pour simplifier les calculs, j'ai dû supposer les cinq années d'études de pratique et de théorie faites dans la même ferme.

| DATES. | ÉLÈVES de l'école de départe-ment. | 1res EXPLOITATIONS | | 2es EXPLOITATIONS | | 3es EXPLOITATIONS | |
|---|---|---|---|---|---|---|---|
| | | maîtres. | élèves. | maîtres. | élèves. | maître. | élève. |
| 1840 | 1 | » | » | » | » | » | » |
| 1 | 2 | » | » | » | » | » | » |
| 2 | 3 | » | » | » | » | » | » |
| 5 | 4 | » | » | » | » | » | » |
| 4 | 5 | » | » | » | » | » | » |
| 5 | 5 | 1 | 1 | » | » | » | » |
| 6 | 5 | 2 | 5 | » | » | » | » |
| 7 | 5 | 3 | 6 | » | » | » | » |
| 8 | 5 | 4 | 10 | » | » | » | » |
| 9 | 5 | 5 | 15 | » | » | » | » |
| 1850 | 5 | 6 | 20 | 1 | 1 | » | » |
| 1 | 5 | 7 | 25 | 3 | 4 | » | » |
| 2 | 5 | 8 | 50 | 6 | 10 | » | » |
| 5 | 5 | 9 | 35 | 10 | 20 | » | » |
| 4 | 5 | 10 | 40 | 15 | 35 | » | » |
| 5 | 5 | 11 | 45 | 21 | 55 | 1 | 1 |

certaines parties de la France, sont exclusivement pratiqués dans l'Allemagne du Nord, ceux, en un mot, que j'ai conseillés en commençant, et qu'il me restera à faire connaître aussitôt qu'un accueil favorable fait à cet exposé m'aura prouvé que j'étais dans le vrai. Que l'on veuille bien, à ce sujet, ne jamais perdre de vue un point capital : c'est que, comme je l'ai déjà dit, ces assolements ne sont pas en Allemagne un héritage du passé, mais le résultat des méditations de cultivateurs éminents, qui, à l'époque où leur pays était épuisé, se posèrent ce problème : trouver un mode de culture qui, dans des circonstances données de terres épuisées et privées de prairies, de rareté de main-d'œuvre et de capitaux, pût amener la terre et son propriétaire à un état de richesse tel, qu'il devînt possible de prévoir le temps où les populations et les capitaux augmentés pourraient être employés utilement à une culture plus variée et plus exigeante; culture que nous trouvons déjà chez les cultivateurs les plus anciens de l'Allemagne; et par anciens, j'entends ceux qui cultivent depuis vingt-cinq ans.

Je pense qu'ayant en vue les domaines mal cultivés de la France, il n'y aurait rien à changer pour nous aux termes de ce problème, et que, puisque les assolements trouvés par l'Allemagne lui ont complétement réussi, il en sera de même pour la France.

J'aime à croire que, si les propriétaires allemands ont été les premiers à comprendre une vérité de laquelle leur avenir dépendait, les propriétaires français placés dans des conditions plus avantageuses, ne l'accueilleront pas avec moins d'empressement. L'intime conviction que j'en ai me soutient dans la tâche que je me suis imposée, celle d'appeler sur ce point toute l'attention des amis de l'agriculture, et de les seconder de tout mon pouvoir.

Il me reste maintenant, M. le Ministre, à dire de quelle manière j'ai cru devoir m'y prendre pour obtenir sur ces assolements des renseignements tellement complets, qu'il me fût possible, en les proposant à l'imitation de mes compatriotes, de remettre, pour ainsi dire, entre leurs mains les moyens d'exécution, de leur dire quel nombre de domestiques et d'ouvriers, quelle quantité de bêtes de trait, quelle quantité de semences, quel mobilier, quel capital, en un mot, leur établissement nécessitait, et à quelles espèces de dépenses les diverses portions de ce capital devaient être affectées. En regard de ces dépenses, devaient se montrer les produits, de manière à ce qu'il fût possible de trouver le chiffre du bénéfice net. La connaissance des divers travaux faits pour obtenir ces produits devait aussi conduire à faire apprécier le degré d'intelligence du producteur. Ces assolements devaient être étudiés dans les circonstances de culture les plus diverses, afin que, parmi eux, chacun pût choisir le plus adaptable à sa position; je devais m'adresser particulièrement aux agriculteurs qui étaient arrivés à leur aplomb agricole, et chez lesquels une bonne comptabilité établie servît de contrôle aux renseignements fournis.

C'est là le but que je me suis proposé en entrant en Allemagne , bien résolu à ne m'en laisser écarter par rien. Pour l'atteindre sûrement , j'ai cru devoir formuler des questions, les mêmes pour tous, posées chez trente des cultivateurs les plus éminents des différentes parties de l'Allemagne, et répondues par eux avec autant de science que d'obligeance. Elles pourront, je pense , servir de base à une statistique agricole de la grande culture allemande.

Riche d'un ensemble de renseignements précieux , que nul livre, nul cours n'avait encore donnés, même en Allemagne , j'aurais peut-être pu croire ma mission terminée ; mais une chance trop belle de pouvoir encore ajouter quelques riches épis à ma moisson allait s'offrir, pour que je n'essayasse pas de me la rendre favorable.

Le 28 septembre, devait avoir lieu à Potsdam le grand congrès agricole allemand qui, l'année précédente, s'était réuni à Carlsruhe ; il devait nécessairement s'y rencontrer tel agriculteur que je n'avais pu visiter , et dont les renseignements pourraient ajouter de nouvelles richesses à ma collection.

Je me hâtai donc de faire imprimer en allemand mes questions, et, comme modèle de la manière dont je désirais qu'il y fût répondu , je donnai à leur suite le compte-rendu d'une exploitation visitée , celle de M. de Wulfen (1).

_____

(1) On trouvera la traduction de ce te brochure à la fin de ce volume.

Ma brochure, soumise à M. Thaër, reçut son approbation, et il me promit de m'aider de tout son pouvoir à la faire bien accueillir, car c'était là le difficile, surtout dans une assemblée où, déjà, devaient être posées des questions du même genre, formulées par une réunion de professeurs.

Le congrès eut lieu à l'époque fixée. Plus de huit cents agriculteurs des plus distingués des différentes parties de l'Allemagne y assistèrent. Chaque jour, une séance générale avait lieu de neuf à deux heures. On y discutait les questions à l'ordre du jour. Puis, aussitôt après la séance, se formaient différents comités, dans le but de traiter à fond des sujets spéciaux, qui intéressaient particulièrement certains membres de la réunion, par exemple : sur la culture et l'aménagement des forêts, sur la culture de la vigne, les bêtes à laine, l'éducation des chevaux, les irrigations, la statique agricole, les écoles primaires d'agriculture, l'amélioration du sort des paysans. Là, chaque comité avait son président et son secrétaire, qui devait dresser procès-verbal de la séance. Chacun était libre de présenter ses observations ; quand il ne s'agissait que de quelques mots, on les disait de sa place ; quand le sujet comportait des développements, l'orateur était invité à monter à la tribune. Ce qu'il y eut de bien remarquable, à mon avis, c'est toute cette organisation formée spontanément et, pour ainsi dire, d'elle-même, sans qu'il y ait eu de programme distribué d'avance. L'admirable bon sens et la ferme volonté,

chez tous, de faire tourner au profit de la science seu'e
une aussi rare réunion d'hommes dist'ngués, ont suffi
à tout. Une chose que j'ai remarquée encore, c'est qu'il
y avait discussion grave et calme, et jamais de plaidoyer.
J'ai entendu M. de Wulfen, appelé à la tribune pour
fournir des renseignements sur la culture des lupins,
dire : « J'ai écrit quelque chose à ce sujet, mais il existe
un livre bien meilleur que le mien ; » et ce livre, il
le présentait. La réunion a duré huit jours. On a décidé, avant de se séparer, qu'elle aurait lieu l'année
prochaine à Brünn en Autriche.

Un banquet offert par le roi à l'assemblée tout entière a clos la cession. Déjà le prince royal avait honoré
d'une invitation particulière à d'ner, au palais de Sans-
Souci, les principaux représentants des divers pays.

Je me garderai d'aborder le compte-rendu de ce mé-
morable congrès agricole ; il trouvera naturellement sa
place dans celui que j'aurai à pré enter de la grande
culture allemande. Mais qu'il me soit permis de dire
simplement comment le représentant de la France y
a été accueilli, et quel parti il en a tiré dans l'intérêt
de sa mission. Vous avez bien voulu, M. le Ministre,
m'enjoindre formellement de vous raconter les choses
telles qu'elles s'étaient passées ; j'ai cru ne pouvoir
mieux répondre à vos désirs qu'en reproduisant ici une
lettre que j'écrivais à ma famille. Permettez à un agriculteur d'échapper ainsi à l'embarras d'un bulletin,
pour lequel il serait trop mal habile.

Berlin, 30 septembre 1839.

Vousapprendrez sans doute avec plaisir un bonheur assez peu ordinaire qui m'est arrivé. Je vous ai parlé d'une grande réunion de tous les agriculteurs de l'Allemagne qui devait avoir lieu à Potsdam, et à laquelle je me proposais d'assister; elle a commencé le 22. En Allemagne, tout grand propriétaire ('tant cultivateur, l'assemblée était imposante. On y comptait plus de huit cents personnes, Polonais, Hongrois, Autrichiens, Danois, Suédois, tout ce que l'Allemagne a d'agriculteurs et d'agronomes distingués, des professeurs de science naturelle, des hommes tels que Humbolt, etc., et, pour la première séance, les ministres, les grands dignitaires, etc. Vous savez que j'ai fait imprimer les questions que j'adresse aux agriculteurs allemands; il s'agissait de les présenter ici. Me poser en interrogateur devant une telle assemblée, moi, obscur voyageur, cela avait bien son côté périlleux; aussi ma résolution n'était-elle pas bien ferme.

Un grand propriétaire hongrois ouvre la séance, en s'annonçant comme représentant de son pays. M. Thaër, chez qui j'ai passé quelques jours, et qui ne saura jamais combien est profonde la reconnaissance que je lui ai vouée pour les bontés dont il m'a comblé, accourt à moi en me disant qu'il convient que je monte immédiatement à la tribune comme représentant de la France. J'oppose quelques bonnes raisons. Puis, ne

voilà-t-il pas qu'il termine tout à coup ce débat de deux
minutes en annonçant à haute voix que M. Nivière, de
France, demande la parole comme représentant de ce
pays. Je monte donc à la tribune; je parle pendant une
demi-heure, passant de considérations agricoles à des
vœux que je forme chaleureusement pour que les deux
peuples n'en fassent plus qu'un seul, et apprennent à se
connaître par des communications fraternelles; et, naturellement, je ne trouve rien qui puisse atteindre mieux
ce but que des réponses aux questions que je présente,
m'engageant, au nom des agriculteurs français, à une
réciprocité qui aurait pour résultat l'avancement de la
science.

Je parle de l'accueil bienveillant que j'ai reçu partout, et je remercie comme je sens. La majesté de l'assemblée donne à ma voix une espèce de solennité, dont
je m'aperçois, et qui double mes moyens. Enfin, une
salve d'applaudissements prolongés m'accueille quand
je finis; je me réfugie à ma place, où des serrements
de mains et des cartes m'attendent. A peine assis, voici
**M.** Thaër qui me dit que le ministre de l'intérieur dé-
sire me parler; il me conduit. Le ministre me félicite,
me remercie. J'avais parlé de lois bienfaisantes données
à l'agriculture : il m'engage, en me serrant affectueu-
sement la main, à aller le voir à Berlin. Et depuis que
ceci a eu lieu, il n'est pas un Allemand parlant français, et ils sont nombreux, qui ne m'ait recherché,
remercié, en se réjouissant de ce que la France fût
venue, dans une aussi grande solennité, leur tendre une

main fraternelle. « Oui, disaient-ils en répétant ce qui
m'était échappé, quand les intelligences des deux pays
s'entendront, la force brutale ne prévaudra plus. »

Tous me demandent mes questions, et me promettent
d'y répondre. Notez bien que, dans cette même séance où
j'avais pris la parole, il avait été question de demandes
à faire aux agriculteurs sur leurs exploitations; on
avait proposé un thème délibéré par plusieurs professeurs; mais, pour satisfaire à ces demandes, c'était
pour chaque agriculteur consulté tout un livre à faire :
M. Thaër s'était levé, et avait dit que les questions que
je proposais, très-courtes, portant sur moins d'objets,
ne négligeaient cependant rien d'essentiel, et que
d'ailleurs, ces questions étaient suivies d'un modèle de
réponses qu'il se plaisait à reconnaître comme très-
bon. C'était bien flatteur pour moi, et le résultat a été
heureux.

L'autre jour, nous visitions les jardins royaux. Le
prince héréditaire (aujourd'hui roi de Prusse), qui s'é-
tait avancé sous le péristile d'une de ses maisons de
plaisance, recevait les principaux personnages de
notre réunion. J'examinais de loin cette scène, en
causant avec un général polonais, dont la conversation
sur l'agriculture écossaise, qu'il venait de visiter,
m'intéressait beaucoup. Tout à coup il me semble voir
que, du groupe qui entoure le prince, tous les regards se tournent vers moi d'une certaine manière ;
une personne se détache et vient me demander de sa
part; la foule s'ouvre avec bienveillance, et me voilà

7

devant le prince, qui m'entretient de mon voyage, et
quand je salue pour me retirer, je ne sais quelle main
me place vis-à-vis de la princesse, qui me parle en
termes flatteurs d'un discours qu'on lui a cité. En vérité, je suis heureux de n'avoir pas attendu mon arrivée
à Berlin pour parler de la bienveillance et de la fraternelle cordialité des Allemands; mais, puisque toutes
mes lettres l'ont dit, je puis bien le répéter sans être
accusé de m'être laissé surprendre. Quelques jours
avant la réunion, j'ai été invité à dîner chez le prince
royal avec une vingtaine d'autres personnes; et hier,
dans un banquet que le roi a offert à toute l'assemblée,
et qui aurait été honoré un moment de sa présence si
ce jour-là même il n'eût perdu un de ses plus anciens
amis, j'ai été placé, à côté de M. Alexandre de Humbolt,
le second en face du président de la province qui
représentait le roi.

Maintenant, de quoi pensez-vous que je me réjouisse
le plus? de la douceur du miel que m'offre la terre
étrangère? Non, mais de la force que tout ceci me
donne pour accomplir dans notre beau pays ce que je
crois être le bien. Quand je suis entré en Allemagne,
j'aurais vainement essayé d'engager quelques jeunes
gens à me seconder : tous savent le chemin de la
Russie, de la Pologne, de la Bohème, de l'Autriche,
mais nul n'aurait pensé à prendre celui de la France;
quelques-uns me disaient que l'industrie agricole s'ac-
commoderait mal de nos agitations perpétuelles : aujourd'hui, plusieurs parmi ceux que j'avais distingués

m'ont déclaré, en me demandant d'être associés à mes travaux, que, quelque fût l'avantage qu'on leur offrît ailleurs, ils attendraient tout l'hiver ma détermination à leur égard.

L'un d'eux, M. Jaëger, de Stuttgard, que j'avais remarqué à l'École des apprentis d'Hohenheim, où il a passé trois ans après avoir été préalablement dans une ferme pour mériter d'être reçu, est entré dans le haut Institut scientifique pour y attendre ma décision. Il s'y occupera particulièrement de la botanique agricole et de l'art vétérinaire, qui déjà lui ont été enseignés pendant trois ans à l'école pratique.

Un autre jeune homme, du Danemarck, M. de Schlotfeldt, qui, après avoir complété ses études à Copenhague par celle des mathématiques et de l'art vétérinaire, a fait deux années d'apprentissage dans le Holstein, deux ans dans la Poméranie et une année d'études théoriques chez M. Thaër, où il s'est principalement occupé de l'économie des bêtes à laine, m'a été vivement recommandé par ce dernier comme le jeune homme dont il avait conçu les plus solides espérances. Non content de ce témoignage verbal, M. Thaër a voulu le confirmer par une lettre qu'il m'a écrite, afin, disait-il, de prendre sur lui toute la responsabilité de ce qui pourrait arriver. Nous sommes convenus qu'il passerait l'hiver chez M. Thaër pendant l'agnelage, puis, qu'il emploierait les premiers mois du printemps à étudier, sur divers points, la méthode d'irrigation des prairies marécageuses, irrigation qui

porte ici le nom de *siegen*, et qui est maintenant appli
quée dans toutes les parties de l'Allemagne.

Il est peu de grandes exploitations qui n'aient deux
ou trois ouvriers de *siegen* pour établir ce genre de
prairies. Ces ouvriers, qui se contentaient autrefois
d'un franc par jour, reçoivent maintenant cinq francs,
tant ils sont recherchés. Il y en a des bandes dans
la Silésie, la Poméranie, la Saxe, le Mecklembourg.
J'ai suivi leurs travaux dans deux exploitations de ce
dernier pays. Un comte, qui fait construire de ces
prairies en Saxe depuis deux ans, et qui n'aura fini
que dans deux ans, reçoit chaque année, comme
élèves gratuits, une trentaine d'ouvriers étrangers,
envoyés par leurs gouvernements pour étudier cette
admirable méthode d'irrigation, qui a cela de particulier, que toute la prairie s'arrose complétement,
dans toutes ses parties, sans mouvement de pelles. Ce
qui est ensuite de la plus haute importance, c'est que
le travail fait pour l'irrigation est en même temps le
travail de desséchement le plus complet, aussitôt l'irrigation terminée. Aussi toutes les prairies que j'ai vues
en construction sont-elles d'anciens marais, dont le
mauvais foin aigre est converti, au bout d'une année,
en une herbe de bonne qualité, donnant, sèche, deux
cents quintaux par hectare. M. de Schlotfeldt, qui est
excellent arpenteur, devra se mettre en état de dresser
des plans de nivellement, et de faire exécuter le travail
de construction par des ouvriers français qui n'en
auront aucune idée.

Après avoir fini d'étudier pendant deux jours encore la toiture d'argile à la Dorn, que j'ai vu employer dans une foule de constructions rurales nouvelles, je vais partir pour le Mecklembourg avec M. le comte de Schlieffen, qui a bien voulu me promettre de me conduire lui-même chez tous les agriculteurs mecklembourgeois que je voudrais visiter, et dont plusieurs m'attendent, etc., etc.

Hambourg, octobre 1839.

.....Parti de Berlin avec M. le comte de Schlieffen, excellent agriculteur du Mecklembourg, auquel je dois une éternelle reconnaissance pour l'accueil que j'ai reçu dans sa famille, et pour les soins signalés qu'il m'a rendus, j'ai visité et étudié une dizaine des exploitations les plus remarquables de cet admirable pays d'intelligente et riche culture. Partout j'ai été reçu comme un frère. Chacun de mes hôtes, après m'avoir fait voir tout ce qu'il y avait d'intéressant chez lui, et s'être mis à ma disposition depuis six heures du matin jusqu'à minuit, me conduisait lui-même, dans sa voiture, chez son voisin réputé le plus habile; et celui-ci, à son tour, agissant de même, me conduisait jusqu'à six ou huit lieues de là. C'est ainsi que je suis arrivé de Berlin jusqu'à Hambourg, à travers une partie du Holstein, par Wismar, sur la mer Baltique, et Lubeck.

J'essaierais vainement de vous dépeindre tout ce

que m'a offert d'intérêt cette vie d'intelligents cultivateurs, si aisés au milieu de l'ordre et de l'économie
bien entendus. Partout, des domaines de cinq cents
à mille hectares suivant des rotations d'une grande
simplicité, simplicité telle, qu'on n'en découvre la
science que quand on la cherche ainsi que je l'ai fait;
et avec cela, un superbe produit net, que l'on touche
au doigt, et que prouve l'aisance de ces industrieux
cultivateurs, devenus presque tous propriétaires des
domaines qu'ils tenaient jadis à ferme, et qui,
maintenant, riches de capitaux nouveaux, cherchent
d'autres acquisitions à faire pour leurs enfants, tous
cultivateurs, comme, chez nous, tous sont avocats ou
médecins.

Monsieur le Ministre,

Au mois de février 1840, je terminais ce rapport conformément à vos ordres, lorsque je fus surpris par la nouvelle de votre retraite volontaire d'un ministère auquel vous avaient appelé et la confiance du roi, et votre haute intelligence des besoins commerciaux et agricoles du pays. Si la brièveté de cet écrit pouvait trouver grâce auprès de vous, qui m'aviez permis avec tant d'obligeance de vous le commenter d'avance et de vive voix, je ne pouvais attendre le même accueil d'un ministre nouveau auquel j'étais complétement inconnu. Espérant conjurer l'indifférence et l'oubli en faisant mieux encore, je différai la publication de ce rapport jusqu'au moment où il me serait permis de présenter, non plus seulement des allégations, mais des faits accomplis.

J'avais avancé que les grands propriétaires français comprendraient, tout aussi bien que ceux de l'Allemagne, de quel intérêt il était pour eux de détourner vers leurs champs délaissés une partie des soins et des capitaux qui, jusqu'à présent, avaient été consacrés presque entièrement à la poursuite des charges publiques et des bénéfices industriels. L'affluence des propriétaires lyonnais à un cours d'économie agricole (1) qui n'a

_____

(1) Avril 1840. J'ai fait suivre ce rapport des extraits de deux des leçons de ce cours, parce qu'il m'a paru qu'elles pouvaient être considérées comme en étant la continuation.

presque été qu'un constant appel à des efforts nouveaux, l'invitation, si honorable, qui m'a été faite par
les propriétaires com, osant le conseil-général de l'Ain
de venir y exposer mes projets, et l'unanimité avec laquelle il a été décidé qu'ils seraient secondés, m'ont
donné la mesure de ce que l'on pourrait en attendre
quand un heureux essai de grande culture fait au milieu
d'eux aurait justifié les espérances que je leur faisais
concevoir.

La possibilité d'introduire en France le sérieux enseignement agricole que j'enviais à l'Allemagne, et qui
est basé sur un rude apprentissage, me semble prouvée
par la facilité avec laquelle j'ai pu entreprendre, en
Dombes, une grande exploitation dont tous les travaux
sont accomplis par les élèves. La coopération intelligente et consciencieuse de deux jeunes gens, M. de
Schlotfeldt, du Danemark, et M. Jaëger, de Stuttgard,
dont les études agricoles théoriques ont eu pour base un
apprentissage de quatre ans chez les plus grands maîtres de l'Allemagne, et dont tous les conseils aux élèves
sont de continuels exemples, vous seront peut être une
garantie que l'avenir justifiera les espérances que semble donner le présent. Dans mon ardent désir de travailler à doter mon pays d'un enseignement agricole
qui pût donner un jour aux grands propriétaires des
régisseurs utiles, j'ai fondé l'école de la Saulsaie à mes
risques et périls. Ce que j'ai surtout voulu avant de
solliciter aucune espèce d'appui, a été de prouver que
cette fondation était possible et facile. Aujourd'hui je

crois cette preuve acquise, et je dirai simplement que,
si l'exploitant a pu disposer des ressources nécessaires
à la culture qui doit lui donner les moyens d'élever et
d'établir sa famille, le fondateur de l'école aura bientôt
épuisé celles qu'il a détournées avec confiance pour
un intérêt général, persuadé qu'il était que son pays lui
viendrait en aide s'il était dans le vrai.

S'il n'était question que de moi, M. le Ministre,
je n'aurais aucun droit d'être pressant. Mais, ici, il
s'agit de savoir si les capitaux se refuseront longtemps
encore à venir établir, sur les grandes terres délaissées
de la France, un système de culture qui, en enrichissant
le sol et diminuant, par conséquent, le prix de revient
de ses produits, détournerait à jamais le risque que
court la France de devenir tributaire de la culture
étrangère. Il s'agit de savoir si les grandes villes industrielles, entourées d'une petite culture qui rivalise de
besoins avec elle, bien loin de pouvoir subvenir à ceux
qu'elles éprouvent, n'auront pas bientôt à se réjouir
de l'adoption par les grandes terres du mode de
culture qui permet aux travailleurs la plus forte exportation, sur les grands marchés, des produits excédant
leurs besoins.

J'ai fondé mon établissement dans la Dombes, qui
est une grande terre de soixante lieues carrées près de
Lyon, et sur laquelle se trouvent quatre-vingt sept
domaines, d'une contenance, à eux seuls, de trente
mille hectares; c'est principalement sur le sort réservé à la Dombes, partie du département de l'Ain

voisine de celui du Rhône, que j'appelle toute votre
sollicitude.

Il s'agit de savoir si la prospérité d'un département
tout agricole ne doit pas réagir de la manière la plus
heureuse sur la prospérité du département industriel
qui le touche. Il s'agit de savoir si un pays qui, par ce
seul fait de l'adoption d'une culture rationnelle, commandée par la nature de son sol, pourrait fournir à
Lyon un énorme excédant des produits les plus indispensables à ses besoins, tout en nourrissant une population triple sur son propre territoire ; il s'agit de savoir,
dis-je, si ce pays continuera le désastreux système de
*culture par inondation*, qui, au lieu de nourrir ses
habitants, les tue, et qui a décimé ses populations
jusqu'au point de ne lui laisser que deux cent cinquante
habitants par lieue carrée, et encore à la condition
que ce nombre serait maintenu par les émigrations
des pays voisins. Il me semble que l'heure est venue
de décider si la fièvre, suite nécessaire des étangs faits
à bras d'hommes et comme moyen d'industrie agricole sur un sol pentif qui ne recèle pas une seule
source, doit continuer d'anéantir dans cette malheureuse contrée, toute espèce de bénéfice agricole par
l'énorme aggravation qu'elle apporte aux charges de
culture, d'abord en diminuant dans une forte proportion le nombre des journées de travail effectif de ses
rares ouvriers, et ensuite en rendant nécessaire, à
l'époque des récoltes, la coopération de moissonneurs

étrangers, exigeant pour salaire , et à cause des risques qu'ils courent, le cinquième du grain récolté.

Mais qui décidera des question aussi graves? Qui doit en hâter la solution ? Seront-ce les vœux des rares propriétaires qui résident sur la terre de Dombes? Mais, depuis nombre d'années, ils les formulent inutilement dans de nombreux et sérieux écrits. Serait-ce que ces écrits ne parviennent pas aux dépositaires du pouvoir? Mais ces mêmes vœux sont reproduits chaque année avec énergie par le conseil général de l'Ain. Il est vrai que chacune de ses réunions est , depuis 1850, à peu près suivie ou précédée du changement du Préfet, qui pourrait en être l'interprète le plus éclairé.

Dans cette attente générale d'un secours , d'une direction utile, j'ai pensé que le résultat désiré serait singulièrement hâté par une grande exploitation-école qui se proposerait pour but, 1° de montrer avec quels capitaux et quel intérêt de ces capitaux on pouvait, en vidant les étangs , substituer la salubrité et une culture enrichissante à cette absence morbifique de culture ; 2° de former des régisseurs pour les propriétaires tentés , par la suite, de suivre un exemple heureux. C'est là le seul titre que j'aie à faire valoir pour obtenir que l'on veuille bien m'accorder un aide qui , si le succès répond à mes efforts, sera largement payé par l'acquisition qu'auront faite et Lyon et la France ; l'un , d'un grenier d'abondance, l'autre, d'une province nouvelle.

Qu'il me soit permis , M. le Ministre , de puiser , dans mes notes sur la grande culture allemande , des

données qui me serviront à prouver de quel immense
avantage serait pour la partie industrielle du département du Rhône , et de Lyon particulièrement, la régé-
nération agricole de la magnifique partie du département de l'Ain qui le touche.

J'emprunterai ces données à la culture mecklembourgeoise , parce qu'à mon avis, aucun pays ne res-
semble plus au Mecklembourg que la Dombes. Aucune
nature de sol , mieux que celle de la Dombes, n'a droit
de compter sur les beaux produits que donne le sol du
Meklembourg. La culture céréale avec jachère de la
Dombes est à peu près ce qu'était , il y a trente ans ,
dans le Mecklembourg , la culture avec jachère triennale. Si le Meklembourg, par le seul fait des marnages,
a converti une terre couverte de bruyères et ne donnant
que du seigle, en une riche terre à froment et à trèfle ,
produisant trente-quatre hectolitres de froment par hectare , tout le monde sait maintenant que la terre de
Dombes , chaulée fortement , passe subitement d'un
produit, de trois pour un, de seigle , à une production
de dix, et souvent de quinze pour un, en froment. Si le
Mecklembourg trouve , en Angleterre , un débouché
pour ses grains , la Dombes touche une population de
trois cent mille acheteurs de produits agricoles. Si de
sages institutions de crédit ont donné des capitaux à la
culture mecklembourgeoise , la culture de la Dombes
n'a-t-elle pas droit d'attendre sa part de ceux que l'industrie crée à sa porte ? La Dombes n'a pas encore une
population qui puisse suffire à une énorme production

brute. Mais ce qui importe aux capitaux de Lyon, c'est
le produit net, et, avec ce produit, une culture qui,
tout en enrichissant le sol et nourrissant fortement les
travailleurs, mette cependant à sa disposition un grand
excédant de denrées. Or, le Meklembourg nous fournit l'exemple d'un système de culture qui, pour enrichir l'exploitant et le sol, mettre le travailleur dans
l'aisance, et cependant avoir une grande quantité de
produits à exporter, n'a besoin que d'une population
de sept cents habitants par lieue carrée, moitié, seulement, du nombre que nourrit maintenant un pays qui,
voisin de la Dombes et de même nature de sol que le
sien, a su s'affranchir des étangs : je veux parler de la
Bresse.

Dans l'intérêt de la recherche que je vais essayer, je
choisis, parmi les exploitations si remarquables du
Mecklembourg, celle du savant et éminent M. de Thünen, dirigée par lui, sans absence, depuis trente ans,
et dans laquelle une tenue de livres rigoureuse, qui
date de 1810, sert de garantie à des données dont la
probité doit mériter la confiance de mon pays, comme
elle a mérité celle de toute l'Allemagne. Le temps que
j'ai passé auprès de M. de Thünen et les renseignements qu'il m'a envoyés, à plusieurs reprises, avec
tant d'obligeance, me permettront de publier bientôt,
dans les Annales de la Saulsaie, le compte-rendu des
cultures de Tellow. Ce qui suit est un emprunt que je
lui fais.

Si quatre-vingt-sept domaines existant actuellement en Dombes, d'une étendue , ensemble, de trente mille hectares ; soit de trois cent quarante-six hectares à peu près chacun , étaient cultivés comme celui de M. de Thünen , dans le Mecklembourg, quelle quantité de produits le marché de Lyon pourrait-il en attendre annuellement, et quelle serait la valeur de ces produits?

Voici les produits que l'on obtient à Tellow , d'une surface de trois cents hectares de terres arables , et de quarante-six hectares de prés tourbeux , à l'aide de deux rotations , dans lesquelles les fourrages artificiels , soit fauchés , soit pâturés, occupent la moitié de l'étendue cultivée, en y comprenant les prés :

### Total des produits à Tellow.

| Moyenne de six ans de 1835 à 1838. | Froment....................... hectolitres. | 923 |
|---|---|---|
| | Colza..................................... | 315 |
| | Seigle, ou son équivalent en pois, o ge, avoine.... | 1,478 |
| Moyenne de sept ans de 1835 à 1839. | Pommes de terre........ ........ hectol. combles. | 2,698 |
| Moyenne de sept ans, de 1814 à 1840. | Foin de Trèfle et Vesce........ quint. de 50 kil. | 1,472 |
| | Foin de prés................................. | 4,452 |
| | Pâturage de Trèfle mélangé , ( son équivalent en foin sec.)..................... | 5,793 |
| | Pailles diverses............................. | 9,000 |

| LE PRODUIT MOYEN EN GRAINS A ÉTÉ ANNUELLEMENT PAR HECTARE : | Froment. | Colza. | Seigle. | Orge. | Avoine. | Pois. |
|---|---|---|---|---|---|---|
| Av. le marnage, de 1800 à 1810. hecto. | » | » | 20 41 | 25 68 | 27 25 | 14 » |
| Après le marnage, de 1810 à 1820.... | 52 57 | 25 50 | 53 71 | 29 37 | 36 81 | 15 63 |
| de 1820 à 1830.... | 53 88 | 28 99 | 55 71 | 55 01 | 44 62 | 25 67 |

| LE PRODUIT MOYEN EN FOURRAGES A ÉTÉ ANNUELLEMENT : | FOIN SEC | |
|---|---|---|
| | de prés. | de trèfles et vesces. |
| De 1800 à 1810............. quint. de 50 kil. | 2,436 » | 450 50 |
| 1810 à 1816 ............................ | 2,649 60 | 465 80 |
| 1816 à 1822............................. | 2,659 20 | 809 20 |
| *Prairies fumées tous les deux ans.* | | |
| 1822 à 1828 ............................ | 4,067 50 | 732 70 |
| 1828 à 1834............................. | 3 940 10 | 1,122 90 |
| 1834 à 1840............................. | 4,452 70 | 1,472 20 |

*Emploi de ces produits divers.*

| | |
|---|---|
| Des 923 hectolitres froment, ont été vendus au marché...... | 856 |
| employés pour semences...... | 87 |
| Total........ | 923 |
| Des 515 id. colza, vendus au marché........... | 515 1,2 |
| employés pour semences ...... | 1 1 2 |
| Total........ | 515 |
| Des 1,478 id. seigle, ou pois, orge, avoine, réduits en seigle, ont été employés pour semences........ | 198 70 |

Echelle de proportion suivant laquelle s'est faite la réduction en seigle :

| | |
|---|---|
| 1 froment = 1 1/3 seigle | pour chevaux de travail. 486 24 |
| 1 colza = 1 2/3 id. | pour poulains......... 8 89 |
| 1 orge = » 5/4 id. | pour chevaux étrangers. 10 50 |
| 1 avoine = » 1/2 id. | pour cochons......... 50 66 |
| 1 pois = 1 » id. | pour bêtes à laine...... 7 65 |
| | pour volaille......... 52 01 |
| | pour cochons et oies du village ............ 44 62 |
| | Dons................. 10 97 |
| | pour nourriture de tous les employés à la culture de Tellow, maîtres compris ........... 628 41 |
| | Total........ 1,478 45 |

| Des 2,698 hectol. combles de pommes de terre, ont été employés | |
|---|---|
| pour semences................. | 194 44 |
| pour ménage de la ferme....... | 116 66 |
| pour ménages du village.... .... | 530 » |
| pour chevaux................. | 726 66 |
| pour poulains................. | 90 » |
| pour cochons de la ferme....... | 255 33 |
| pour bêtes à laine............. | 550 27 |
| pour volaille de la ferme......... | 116 66 |
| pour cochons et oies du village... | 120 » |
| Total........ | 2,698 02 |

Des 5 925 quintaux foin sec , ont été consommés
par chevaux ...................... 876 »
par poulains et chevaux étrangers. 110 »
par vaches..................... 1,065 »
par bêtes à laine.............. 3,876 »

Total........ 5,925 »

Des 5,795 q⁺ foin de pâturage ; par les vaches , les pâturages de première année , et celui des prairies après deuxième coupe. par les bêtes à laine , pâturages de deuxième et troisième année.

Des 9,000 q⁺ des diverses pailles; pour chevaux.............. 1,292 »
pour vaches................... 1,594 »
pour bêtes à laine ............ 5,814 »
pour toiture .................. 300 »

Total........ 9,000 »

Toute la paille distribuée aux animaux leur est servie comme nourriture , dans la proportion de 6/10 de paille et 4/10 de foin. Les parties dures délaissées servent pour la litière.

Ainsi , en négligeant les fractions ,

| | | HECTOL | QUINTAUX de 50 kil. | QUINTAUX parties sèches. |
|---|---|---|---|---|
| Sont vendus au marché..... | froment......... | 856 | | |
| | colza........... | 315 | | |
| Distribués en dons........ | seigle.......... | 11 | | |
| | froment......... | 87 | | |
| Employés pour semences.... | colza........... | 1 | | |
| | seigle.......... | 198 | | |
| | pommes de terre. | 194 | | |
| Employés à nourrir les ex- ploitants et leurs familles.. | seigle.......... | 628 | | |
| | pommes de terre. | 666 | | |
| Consommés par les animaux. | seigle.......... | 640 | 947 | 947 |
| | pommes de terre. | 1,856 | 2,937 | 822 |
| | foins fauchés.... | » | 5,925 | 5,925 |
| | foins pâturés.... | » | 5,793 | 5,795 |
| | pailles ......... | » | 8,700 | 8,700 |
| | | 5,410 | 25,102 | 22,187 |

Les conversions d'hectolitres en quintaux de 50 kilogr., et de parties vertes en parties sèches, ont été faites d'après la supposition que l'hectolitre de seigle pèse 74 kilogr., l hectolitre comble de pommes de terre 80 kilogr., et que 100 parties de pommes de terre fraîches contiennent 28 parties sèches.

Les 22,187 quintaux de fourrages secs, produits par la culture de Tellow, permettent d'y entretenir annuellement :

*Pour les travaux.*

*Vingt-quatre chevaux*, faisant par année, en moyenne, 5,685 journées, à raison de 236, $\frac{8}{10}$ journées par cheval. La ration d'été, pendant le temps des plus grands travaux, est, par jour et par tête, de 5 kilogr. foin, 10 kilogr. pommes de terre cuites, données pendant 240 jours, 2 kilogr. 5/4 avoine et 2 kilogr. pois, et toujours de la paille hachée avec le grain. En hiver, on ne supprime de cette ration que les pois.

*Pour la rente.*

*Un taureau.*

*Cinquante-huit vaches*, produisant, outre les veaux, 92,800 litres de lait, à raison de 1,600 litres par vache, soit 60 kilogr. de beurre, dont il est consommé 1/10 de kilogr. par jour par chaque homme, et 1/20 par chaque femme ou petit domestique en état de travailler ; ce qui, d'après l'état du personnel de Tellow indiqué ci-après, suppose le produit de 37 vaches absorbé pour les besoins de la culture. — Ce qui approche beaucoup de la réalité. La nourriture de ces vaches, qui consiste en fourrage sec donné dans la proportion de 4/10 foin et de 6/10 paille, du 1er novembre au 15 mai, et en herbe pâturée du 15 mai au 1er novembre, a été reconnue être en moyenne de 9 kilogr. fourrage sec ou

8

son équivalent en herbe. — Un hectare de pâturage, composé de divers trèfles et de graminées mélangées, nourrit, pendant 6 mois, 2 vaches, à raison de 9 kilogr. par jour et par tête. (De ces 58 vaches, 29 sont nourries pour les familles d'ouvriers logées au village.)

*Treize cents bêtes à laine*, savoir :

| | |
|---|---:|
| Béliers. . . . . . . . | 55 |
| Brebis mères. . . . . . | 548 |
| Antenoises. . . . . . | 455 |
| Agnelles . . . . . . | 240 |
| Moutons . . . . . . | 404 |
| | 1,500 |

Produisant annuellement 1,500 kilogr. de laine lavée à dos ; plus, 250 bêtes vendues grasses et 60 brebis de réforme consommées à la ferme. La nourriture, qui consiste en foin, paille de pois et pommes de terre cuites, du 1er novembre au 20 avril, et en herbe pâturée du 20 avril au 1er novembre, est en moyenne de 1 kil. 1/8 par jour et par tête. Un hectare de pâturage nourrit, pendant 6 mois, 16 bêtes à laine, à raison de 1 kilogr. 1/8 par jour et par tête. On peut donc dire que, pour la nourriture consommée, 8 bêtes à laine=une vache.

*Vingt-quatre cochons* de 1re et 2e année, engraissés à la ferme ; achetés à l'âge de 6 semaines, ils sont tués à 20 mois. Chaque année, on en tue sept pour le ménage de la ferme, et on en vend cinq. Leur nourriture consiste en pommes de terre cuites, grains et résidus de laiterie.

*Six poulains*, savoir : deux de 1<sup>re</sup> année, achetés à quatre mois, deux de 2<sup>e</sup> année, et deux de 5<sup>e</sup> année. On vend annuellement soit deux poulains de trois ans, soit deux chevaux de réforme. Ces poulains prennent leur nourriture dans des pâturages clos l'été, et l'hiver, ils reçoivent à l'écurie du foin, de la paille hachée, des pommes de terre cuites et du grain (*pois et avoine*).

Il y a, en outre, cinq cents agneaux de la ferme; plus, chez les familles d'ouvriers logés au village, des génisses élevées par elles pour remplacer les vaches de réforme, qui sont tuées et salées; des cochons et des oies engraissés, au moyen, 1° de pâturages dont elles ont la jouissance; 2° d'une certaine quantité de grains (quarante-quatre hectolitres) qui leur est accordée à cet effet; 5° de pommes de terre (cent vingt hectolitres en moyenne) qu'elles récoltent sur des parties de terre labourées et fumées que le propriétaire leur abandonne chaque année.

Si nous admettons qu'une vache consommant neuf kilogr. de fourrage sec par jour, soit soixante-six quintaux par an, est une *tête de bétail de rente*, et que huit bêtes à laine consommant chacune un kilogr. 1/8 de fourrage sec par jour, soit par an soixante-six quintaux pour les 8, représentent une *tête de bétail de rente*, Tellow entretient seulement en vaches et moutons 221 *têtes de bétail de rente*.

Étant donné que soixante-six quintaux de fourrage sec représentent l'entretien d'une *tête de bétail de rente*;

Étant donné que, chaque année, la culture de Tellow met, à la disposition des différents animaux qu'elle entretient, 22,187 quintaux de fourrage sec ;

Étant donnée la consommation des chevaux de travail (5,212 quint.), nous allons pouvoir aisément trouver quelle quantité de *têtes de bétail de rente* représente ce nombre variable d'animaux que l'on entretient à Tellow, en sus des vaches et des bêtes à laine adultes.

Retranchons de la somme totale des fourrages secs qui est. . . . . . . . . . . . . . . 22,187 q.
la consommation faite par les chevaux . 5,212
il nous reste, pour la consommation des

bêtes de rente. . . . . . . . . 18,975 q.

Ce chiffre, divisé par 66, nous donne, en négligeant les fractions, celui de 287, représentant le nombre de *têtes de bétail de rente* que Tellow peut entretenir et entretient chaque année, à raison de 66 quintaux de fourrage sec par an, indépendamment des bêtes de trait, qui en consomment chacune 134 quintaux; ce qui approche bien le chiffre d'une tête de bétail par hectare.

Ce calcul nous fait également trouver ce que nous cherchions, savoir : que le nombre variable des différents animaux entretenus à Tellow, en sus des vaches et des bêtes à laine adultes, représente 66 *têtes de bétail de rente.*

Le fumier obtenu annuellement de la consommation, par les différents animaux, de 22,187 quintaux de fourrage sec, est de 2,065 voitures de 20 quintaux, indépendamment de celui laissé sur les pâturages.

De cette quantité de voitures, on emploie annuellement :

Pour les jardins du propriétaire et des
ouvriers. . . . . . . . . . 40
Pour les prairies . . . . . . . 45
Pour les terres assolées . . . . . 1,980

2,065

Sans entrer dans les détails d'expériences exactes et multipliées faites par M. de Thünen pour trouver le rapport qui existe entre le chiffre des parties sèches de fourrage consommées et celui du fumier produit, il résulte que 420 kilogr. de parties sèches des matières alimentaires consommées dans la proportion de 6/10 paille pour 4/10 foin, donnent une voiture de fumier de 968 kilogr.

| LE PERSONNEL DE TELLOW SE COMPOSE DE : | Nombre de personnes. | Journées d'hommes. | Journées de femmes. |
|---|---|---|---|
| A. *Logés et nourris à la ferme.* | | | |
| M. et M<sup>me</sup> de Thünen , et 2 apprentis d'agriculture . . . . . . . . . . | 4 | | |
| Une ménagère. . . . . . . . . . . . | 1 | | |
| Quatre servantes faisant chacune 280 journées effectives . . . . . . . . . | 4 | | 1,1 |
| Deux valets de chevaux, garçons, faisant chacun 288 journées. . . . . . . . | 2 | 576 | |
| B. *Nourris à la ferme, mais logés au village.* | | | |
| Quatre valets de chevaux , mariés. . . | 4 | | |
| *A reporter*....... | 15 | 576 | 1,120 |

| | Nombre de personnes. | Journées d'hommes. | Journées de femmes. |
|---|---|---|---|
| Report....... | 15 | 576 | 1,120 |

C. *Logés au village, et se nourrissant au moyen de denrées qui leur sont données en salaire, ou qui leur sont vendues par l'exploitant.*

| | | | |
|---|---|---|---|
| Quatre femmes de valets de chevaux, et quatre petits domestiques. . . . . . | 8 | | |
| Un inspecteur paysan, sa femme et un domestique. . . . . . . . . . . . | 5 | | |
| Un chefs de labours paysan, sa femme et un domestique . . . . . . . . | 5 | | |
| Un vacher faisant 565 journées, sa femme et un domestique. . . . . | 5 | 565 | |
| Onze journaliers, 11 femmes et 11 petits domestiques. . . . . . . . . | 33 | | |

Les 18 familles ci-dessus doivent chacune le travail d'un homme et d'une femme ; c'est pourquoi chacune est obligée de tenir un petit domestique, fille ou garçon, pour le cas où la femme ne peut pas travailler. Ces journées de domestiques comptent comme journées de femme.

A part le vacher, qui donne tout son temps, les autres hommes ma-

| A reporter....... | 65 | 941 | 1,120 |

| | Nombre de personnes. | Journées d'hommes. | Journées de femmes. |
|---|---|---|---|
| Report........ | 65 | 941 | 1,120 |

riés travaillent en moyenne , dans l'année, 288 jours; mais, comme ils peuvent disposer chacun de 12 jours pour leur bois , leur tourbe , etc. , cela réduit le nombre des journées employées par chacun pour l'exploitant à 276 jours ; ce qui fait pour les 17 . . . . . . . . . . . . . . . . .

| | | 4,692 | |
|---|---|---|---|
| Les 18 femmes travaillent en moyenne, 168 journées . . . . . . . . . . | | | 3,024 |
| Les 18 domestiques font chacun 74 jours . . . . . . . . . . . . . . . | | | 1,332 |
| Un chef berger , sa femme et un domestique . . .. . . . . . . . . . . | 3 | 365 | |
| Deux aides-bergers nourris par le chef berger ; l'un d'eux est marié. . . . | 3 | 730 | |

Quatre familles d'artisans: garde, charron, maréchal, tailleur , qui est en même temps maître d'école.

Ces quatre dernières familles, ainsi que celles des bergers , ne sont pas obligées de fournir le travail de leurs femmes, si ce n'est pendant les grands travaux de la récolte. Il se fait par elles, en tout, par an . . . . . . .

| | | | 100 |
|---|---|---|---|
| À reporter........ .... | 71 | 6,128 | 5,476 |

| | Nombre de personnes. | Journées d'hommes. | Journées de femmes. |
|---|---|---|---|
| Report........ | 71 | 6,828 | 5,476 |
| Si on ajoute aux membres composant les quatre familles d'artisans quelques personnes que la culture n'emploie pas, comme vieillards, etc., le personnel de Tellow se trouve augmenté de 22 personnes au-dessus de 14 ans. . . . . . . . . . . . . . | 22 | | |
| | 93 | 6,828 | 5,476 |
| Plus, enfants au-dessous de 14 ans. . . | 47 | | |
| Total de la population de Tellow au mois de septembre 1859. . . . . | 140 | | |

Le chiffre de 140 habitants sur une surface de 346 hectares donne celui de 647 par lieue carrée , soit 1,600 hectares.

M. de Thünen a constaté qu'en moyenne de plusieurs années, les maladies empêchaient les hommes de se livrer au travail 1/24 de l'année , et les femmes 1/12.

J'ajouterai que la distance moyenne des terres à cultiver aux bâtiments d'exploitation est de 962 mètres, et qu'il faut en moyenne aux ouvriers de Tellow 52 minutes pour parcourir cette distance (aller et revenir).

La culture de Tellow nourrit toute sa population.

Nous avons vu que cette alimentation de 140 indi-

vidus obligeait à distraire, chaque année, de la production totale, 628 hectol. de seigle ou l'équivalent ;

      666      »    de pommes de terre ;

Les produits de    57 vaches ;

              60 bêtes à laine ;

Et les produits de   66 têtes de bétail, ou leur équivalent en cochons et oies engraissés, élèves de bêtes à cornes, poulains et agneaux de moins de 8 mois.

  Il n'y aurait à distraire de ces 66 têtes servant à l'a-
limentation que le nombre que pourraient représenter
5 cochons vendus, 6 poulains de 1<sup>re</sup>, 2<sup>e</sup> et 5<sup>e</sup> année, et
500 agneaux de moins de 8 mois.

RÉSUMÉ. — Si nous nous reportons au tableau ré-
capitulatif de la page 112, et que nous laissions de côté
la valeur des semences et du travail des chevaux, ou,
ce qui revient au même, du fourrage consommé par
eux, comme choses appartenant au sol, et qui doivent
être considérées plutôt comme instruments de produits,
que comme produits elles-mêmes ;

Si nous ne regardons comme produits :

1° Que les céréales, colza et pommes de terre, soit
portés au marché, soit consommés par les exploitants ;

2° Que les céréales, pommes de terre et fourrages,
consommés par le bétail de rente, ou, ce qui est la
même chose, que les produits obtenus des *bêtes de rente*
qu'il a été permis d'entretenir par le moyen de ces différentes matières alimentaires,

Nous avons, en produits bruts réels de la culture de
Tellow :

Froment *rendu*, valeurs de France (1) hectol. 856 à 20 f.  16,720
Colza    *id.*                     *id.*    315 à 24     7,512

                                        Total  . . .  24,252

Seigle, ou l'équivalent, *consommé* (dons compris) par les exploitants . . . . . . . . 639 à 12    7,668
Pommes de terre . . . . . . . *id.* . . . . . 666 à 3 (2) 1,998

                                  Total  . . .  9,666   53,898

Produits bruts de 287 têtes de bétail à 170 f. l'une (3) . . . . . 48,790

                        Total des produits bruts  82,688

Ce tableau, qui nous fait connaître le chiffre de la valeur totale des produits d'une culture semblable à celle de Tellow, nous apprend aussi quelle part de ces valeurs en grains et racines peut être portée au marché, et quelle part doit rester dans l'exploitation pour subvenir à la subsistance, non-seulement des travailleurs, mais encore de leurs familles.

Il nous reste encore à connaître ce que nous pouvons vendre des produits du bétail.

Des 221 têtes *de bétail de rente* représentées par les vaches et les bêtes à laine ,

(1) Les prix de céréales suivants sont les prix moyens de 10 ans au marché de Bourg.

(2) Depuis plusieurs années, les 80 kilogr. de pommes de terre se vendent près de 4 fr. en Dombes.

(3) On ne trouvera pas cette valeur brute exagérée si on réfléchit qu'elle ne représente que le prix brut que l'exploitant a droit d'obtenir, soit de 1,600 litres de lait et d'un veau, soit de 66 quintaux de fourrage ; et que, sur ce prix, il doit prélever toutes ses dépenses : comme pansement, intérêt du capital, représenté par le bétail et le mobilier, entretien de ce capital et de ce mobilier, etc. Le litre de lait pur se vend, à Lyon, 25 c. Le prix du fourrage, dans cette ville, a été, l'année passée, et est maintenant de 8 fr. les 50 kilogr.

Les exploitants gardent le produit de   57  
                                   de   1      taureau  
                                   de   7 1/2, ou leur équivalent en 60 bre-  
                                               bis de réforme.

                    Total  .  .  .   45 1/2

Des vaches et bêtes à laine, restent,  
pour la *vente*, les produits de  .  .  175 1/2 têtes de bétail.  
                         de  .  .   4      id.  par 2 poulains ou che-  
                                         vaux de réforme vendus  
                                         680 fr. (1).  
                     de  .  .   2 1/2  id.  par 5 cochons vendus  
                                         gras, 425 f.

Des 287 têtes de bétail de rente, res-  
tent, pour la *vente*, les produits  
de  .  .  .  .  .  .  .  .  .  .  182   ce qui, à 170 fr., produit d'une  
                                           tête, donne, valeurs  
                                         pour le marché  .  .  50,940 f.  
           D'autre part, valeurs en grains  .  .  24,232

          Total des valeurs pour le marché  .  .  .  55,172

          Le produit total étant de  .  .  .  .  .  .  82,688  
                   Différence  .  .  .  .  .  27,516

Représentant la part qui reste à l'exploitation pour la subsistance de vingt-cinq familles de travailleurs (celle du chef exploitant comprise), et cela indépendamment des salaires ou bénéfices de culture qui doivent leur revenir sur les produits des ventes.

Si nous nous proposions ici une étude complète de l'exploitation de Tellow, il nous resterait à rechercher et le chiffre du capital qui y est engagé, et celui du bénéfice de culture qui reste à l'exploitant, intérêts de tous ses capitaux payés. C'est ce que j'ai par-dessus tout essayé dans mon compte-rendu de Tellow, et ce que

---

(1) Ce prix n'étonnera pas ceux qui savent ce que doivent valoir encore, à l'époque où on les réforme, des chevaux qui, nourris fortement et parfaitement soignés, ont toujours été attelés, au nombre de quatre, à un char portant seulement 20 quintaux de 50 kilogr.

j'essaierai dans tous ceux que j'aurai bientôt à présenter
des principales exploitations des différentes parties de
l'Allemagne.

Qu'il me suffise de dire maintenant, dans l'intérêt
de la recherche qui nous occupe spécialement , que
nous pouvons, sans crainte d'exagérer, évaluer ce bénéfice à 50 fr. par hectare avec une culture et une administration agricole aussi admirablement entendues
que celles de M. de Thünen, — culture qui, je le répète, n'a pas besoin de la moitié du capital qu'exige-
rait une culture flamande, par exemple, et qui ne demande que 646 habitants par lieue carrée (moitié de la
population de la Bresse), en admettant même que chacun des travailleurs qu'elle emploie soit marié et père
de famille.

Ainsi, si les 87 domaines existant actuellement en
Dombes, d'une étendue , ensemble, de 50,000 hectares, étaient cultivés comme Tellow, et jouissaient
d'une salubrité égale, grâce à la suppression des étangs,
c'est-à-dire, grâce à un changement de culture,

Il y aurait, chaque année, un produit brut créé de
plus de 7 millions . . . . . . 7,195,856 fr.

Sur quoi, il y aurait à porter, chaque année, au marché, des valeurs de près de 5 millions . . 4,799,964
Le bénéfice de culture, c'est-à-dire,
le chiffre de la richesse créée serait de . . . . . . . . 1,500,000
Et la subsistance de 2,175 familles

de travailleurs, formant une population totale de 12,151 habitants, serait assurée par une valeur de plus de deux millions  .   2,595,892
de produits, qui seraient prélevés sur la production totale, sans diminuer en rien le chiffre des ventes.

Si la Dombes actuelle, telle que les étangs l'ont faite,
peut distraire quelque chose, pour le marché, des mi-
sérables produits de ses cultures, c'est qu'elle n'a rien
à en retenir pour une population et un bétail qui lui
manquent. Je ne puis préciser des chiffres qui ne sauraient être que le résultat de recherches statistiques
semblables à celles que je viens d'esquisser sur Tellow.
Qu'il me soit seulement permis de dire, quant à présent, que, nouveau propriétaire, dans ce pays, d'un
domaine de 540 hectares, composé de quatre métairies,
j'ai dû, la première année de mon établissement à la
Saulsaie, me pourvoir d'œufs et de beurre à *Lyon*, après
m'être assuré, au préalable, que mes métayers étaient
dans l'impuissance de pouvoir m'en livrer plus de *deux
livres* par semaine.

Voulons-nous maintenant rechercher quel produit
net offre la culture de la Dombes au capitaliste qui,
effrayé du prix exorbitant de 6,000 et 10,000 fr. l'hectare, chiffes qu'ont atteint les terres tout autour de cette
contrée, s'est décidé à y faire une acquisition au prix de
1,500 fr. l'hectare : la moitié à laquelle il a droit sur
les produits nets de frais de moisson et de battage,
aura mis entre ses mains une valeur représentant un

revenu de 20 fr. par hectare. Si nous supposons qu'il ait droit au 2 1/2 pour 0/0 de son prix d'acquisition, il y a pour lui une perte annuelle de 17 fr. 50 c. par hectare, soit de 6,055 fr. pour son domaine de 346 hectares, c'est-à-dire, de 526,785 fr. pour les 86 autres domaines, qui se trouveraient, comme cela a lieu, dans le même cas que le sien, et cela sans compter les frais considérables de réparations aux chaussées des étangs.

Le chiffre de la perte subie, chaque année, par les métayers cultivateurs, serait un sujet de recherches qui seraient, certes, fécondes en utiles et graves enseignements, et auxquelles le moraliste et l'économiste pourraient emprunter le texte de sévères leçons. Mais cette perte réelle, ou, si on l'aime mieux, cette absence complète d'une juste rétribution pour les peines d'une vie consumée dans un travail sans espérances, n'est-elle pas attestée par l'état stationnaire et misérable de cette rare population de cultivateurs métayers que la terre de Dombes dévore lentement ?

Ainsi, si nous comparons les 87 domaines tels qu'ils pourraient être, aux mêmes domaines, tels qu'ils sont, nous trouverons, 1° que les uns nous donneraient une valeur annuelle exportable de près de *cinq millions*, tandis que les produits de la culture des autres ont si peu de valeur, que le prix provenant de leur vente suffit à peine pour faire obtenir au propriétaire le 1 1/2 p. 0/0 de son capital d'acquisition, bien que son domaine ne lui ait pas coûté le quart de ce qu'il aurait dû payer toute autre propriété placée dans une position salubre ;

2° L'insignifiance des valeurs consommées dans les domaines actuels sera telle, qu'elles suffiront tout au plus à la maigre subsistance d'une population qui n'est pas le 6ᵉ de celle de la Bresse ;

3° Au lieu d'une richesse créée de     1,500,000 f. ,

il y aura pour eux perte an--
nuelle de . . . . . .     526,785

D'où il résulte que le gouvernement, en prélevant actuellement sur ces 87 domaines un impôt de 120,000 fr., à raison de 4 fr. par hectare, élève la perte à 646,785 fr., tandis qu'avec une culture semblable à celle de Tellow, et qui laisserait aux 87 exploitants un bénéfice net de 1,500,000 fr., l'impôt doublé laisserait encore les producteurs riches de 1,260,000 fr.

N'est-il pas nécessaire de compléter ce triste tableau en opposant l'une à l'autre une population de douze mille cent trente-un habitants bien habillés, fortement nourris, toujours prêts à fournir au pays de vigoureux défenseurs, accomplissant sans fatigue un travail qui ne doit subir, par la maladie, que quinze jours d'interruption dans l'année, et une population de quatre mille six cent quatre-vingt-sept habitants, dont *la moitié* doit, chaque année, pour cause de fièvre, si non s'arrêter complétement, du moins faiblir et languir dans son insignifiant travail pendant six mois au moins ? — Que si le chiffre de quatre-vingt dix jours,

retranché par la maladie à celui des jours de travail
effectif qui restent à l'habitant de la Dombes après
l'observation des fêtes et dimanches et le chômage
forcé par les intempéries, que si ce chiffre, dis-je,
devait surprendre celui qui n'aurait aucune idée de
cette contrée si malheureuse par le fait de l'homme,
j'ajouterais que tous les travaux pénibles sont confiés,
en Dombes, à des étrangers. Le sobre et rude Auver-
gnat se charge de ses défrichements, de ses fossés et
des chaussées de ses étangs. L'actif Bugiste, bravant
les chaleurs et la fièvre, abandonne ses travaux les plus
pressés pour une moisson et des battages qui doivent
lui faire obtenir le cinquième de la récolte pour prix
d'un travail de deux mois, pendant lequel le métayer
le nourrit. Celui-ci, pour cette nourriture, qu'il est
obligé de fournir, et pour le labeur de toute son année,
n'en aura que les deux cinquièmes. Le seul travail qui
soit permis à la population maladive de la Dombes,
c'est le labour, qui consiste à ouvrir un sillon de deux
à trois pouces de profondeur dans une terre sans
pierres, et à se laisser traîner à la remorque d'une
charrue au sep de quatre pieds de longueur, et conduite par des bœufs que jamais roc ni cailloux ne
viennent faire dévier de leur marche lente et cadencée.
Ce travail du labour demande si peu de forces, qu'il
est rare que la fièvre oblige à l'interrompre tout-à-fait.
Quand l'accès vient, on se couche dans le sillon le
temps nécessaire pour le laisser passer, après avoir
toutefois arrêté bœufs et charrue; quitte à recommen-
cer le lendemain ou le surlendemain.

Comprendra-t-on maintenant comment il se fait qu'il y ait perte au lieu de bénéfice dans la culture de la Dombes? Comprendra-t-on pourquoi les charges de culture, déjà si lourdes pour tous les habitants de la France, sont devenues intolérables pour elle? 1° Par l'épuisement du sol, suite de la substitution, déjà ancienne, des étangs aux prés; épuisement dont la conséquence nécessaire est et doit être une misérable production de seigle pour unique salaire d'un travail qui, dans une terre fumée, eût suffi pour obtenir un beau froment; 2° par la diminution du nombre des jours de travail effectifs, causée par une fièvre qui ne vient pas des étangs pleins, mais des étangs *vidés par l'évaporation, à l'époque des chaleurs.*

Il a suffi, en Allemagne, que M. de Thünen, vivement préoccupé de l'aggravation que devait apporter aux charges de culture la vicieuse disposition des terres du Mecklembourg, telle que les siècles passés l'avaient faite, ait démontré, dans un livre remarquable, quelle diminution cette disposition devait faire subir au chiffre de la richesse publique et particulière, pour que les lois aient été modifiées dans le sens de sa demande, et qu'une nouvelle loi, dite *de réunion*, ait été rendue. M. de Thünen, en la provoquant, ne se dissimulait pas les difficultés nombreuses qu'elle devait rencontrer. Nos lois hypothécaires, disait-il, nos lois surtout qui grèvent tout échange de la perception d'un droit, seront peut-être un obstacle longtemps insurmontable; mais il faut que je le dise, *nous ne pouvons espérer progresser comme les autres peuples qu'en nous affranchissant des liens qui nous enchaînent à un passé funeste;* et ce cri, échappé à la conscience d'un honnête homme et d'un sage, a été entendu de toute l'Allemagne et de ses gouvernants; et M. deThünen a pu constater les heureux effets que n'a pas tardé de produire la loi sur la réunion des terres disséminées, et, de son vivant, il a pu voir le chiffre de la richesse publique accru de la valeur de tout le temps que perdaient les travailleurs agricoles par des allées et venues inutiles sur des terres naguère mal distribuées.

Dans la question de la Dombes et de ses étangs, il ne s'agit pas seulement de temps perdu sans fruit, mais encore de *vies d'hommes perdues* et perdues *par le fait de l'homme.* Penserait-on qu'en Allemagne, une question aussi grave, à laquelle se rattachent de tels intérêts, fût restée longtemps, je ne dis pas sans solution, mais *sans examen*, de la part des gouvernements, protecteurs naturels des intérêts lésés?

Les étangs ont encore des défenseurs; mais pourrait-on soupçonner, sur quelles raisons s'appuie une défense qui voudrait être grave; par exemple, si quelque propriétaire résidant dans la Dombes vient à prendre la plume pour parler de vies d'hommes qui s'éteignent sous ses yeux et jusque dans sa famille, un habitant de Lyon qui ne sait rien de la Dombes, si ce n'est qu'il en vient du poisson, proclamera dans un écrit les avantages de brochets et de carpes élevés, de canards bien repus ? Suivant un autre, il faudra se garder de toucher à ces vastes étendues d'eau, au milieu desquelles verdissent çà et là les carex et la brouille (*festuca fluitans*) ; car, que pourrait-on leur substituer qui eût, comme elles, ce grand avantage de pouvoir en même temps *et nourrir et abreuver* le bétail ? Oh ! que l'ignorance et le jugement faux plaisantent avec cruauté ! et combien il est étrange qu'un semblable procès, pendant les longueurs duquel des populations disparaissent, en même temps que des sources de richesse publique se tarissent, n'ait pas encore trouvé de juges !

Il est vrai que nul écrit favorable à la conservation des étangs n'a osé paraître depuis la publication de l'écrit si remarquable de M. le docteur Bottex sur les étangs de la Dombes, considérés comme unique cause de l'insalubrité de ce pays, et qu'il est permis d'espérer que cette œuvre de science et de bon sens sera la dernière expression de l'opinion publique éclairée.

Il est vrai qu'une enquête sur la question des étangs a eu lieu par les ordres d'un administrateur habile, et qui avait le sentiment profond de ses devoirs comme préfet de l'Ain (M. Bonnet) ; mais, la veille du jour où il devait en présenter au conseil général les résultats, tous favorables à la suppression, il a été placé dans un autre département.

Il est vrai, comme je l'ai déjà dit, que le conseil général de l'Ain s'est vivement préoccupé de cette question, et que, dans sa dernière séance du mois d'août 1840, il a voulu, par une allocation accordée, à l'unanimité, à l'école de la Saulsaie, témoigner de l'intérêt qu'il portait à un établissement fondé surtout dans le but de hâter la solution de cette double question :

1° Y a-t-il avantage à substituer à l'absence mortelle de culture de la Dombes une culture dont les premiers actes sont la substitution des prairies aux étangs; qui fait espérer la possibilité d'entretenir une tête de bétail par hectare, c'est-à-dire, trente mille têtes de bétail seulement sur les quatre-vingt-sept grands domaines qu'elle possède; une culture qui enrichit le sol, l'exploitant et le trésor public ; qui nourrit fortement et entretien en santé ses travailleurs, et qui promet au marché de Lyon une forte exportation des produits qui y sont et les plus rares et les plus chers, *les produits animaux?*

2° L'exploitation de la Saulsaie offre-t-elle la preuve de la réalité de ces avantages? sa comptabilité a-t-elle toute la clarté et la probité désirables? et l'enseignement qu'offre son école est-il assez bon, pour qu'il soit permis d'espérer qu'elle aura formé des régisseurs habiles lorsque l'heure sera venue, c'est-à-dire lorsque ces avantages seront compris?

Le conseil général, je le répète, a témoigné hautement de ses sympathies pour l'œuvre qui devait préparer la solution heureuse de la question des étangs, et il les a témoignées moins par son allocation, que par l'empressement unanime avec lequel il l'a accordée;

mais le préfet qui présidait cette réunion n'est déjà
plus préfet de l'Ain !

Frédéric-le-Grand disait que sa plus belle conquête
était celle des marais de l'Oder desséchés à grands frais
par ses soins, et distribués ensuite à des cultivateurs
intelligents sortis de leur pays par suite de troubles
religieux. Il me semble que de nobles ambitions
pourraient encore trouver leur compte à la conquête
de la Dombes.

Il ne s'agit pas ici de marais à dessécher, de digues
coûteuses à faire pendant un demi-siècle, mais simplement de chaussées artificielles à trouer en un jour. Il
ne s'agit pas de s'imposer des sacrifices onéreux pour
y appeler les cultivateurs.

Il y a sur les bords du Rhône, à une demi-lieu à
l'est de la Dombes, une population qui paie 15,000 fr.
l'hectare de terre distant d'une demi-lieue de sa résidence ; il y a sur les bords de la Saône, à une lieue à
l'ouest de la Dombes, tout un peuple d'industrieux et
actifs vignerons qui paie plus de 8,000 fr. l'hectare
d'un rocher presque nu, qui brise ce rocher avec la
pioche, et qui, ensuite, recouvre son travail de la terre
qu'il va prendre, à dos d'homme, au sous-sol d'une
prairie basse, qui, suivant ses calculs, n'a besoin que
d'un pied de bonne terre. — Ces deux populations envoient chaque année leurs ouvriers et leurs enfants aux
moissons de la Dombes. On conçoit que les fièvres
rapportées périodiquement éloignent pour eux jusqu'à
la pensée d'un établissement dans cette malheureuse

contrée. Mais, lorsqu'après la suppression des étangs e la disparition de la fièvre, ces pays verront revenir leurs moissonneurs et leurs glaneuses bien portants, et que ce fait se sera reproduit deux ans, trois ans de suite, oserait-on dire qu'il ne se hâteront pas de venir chercher dans la Dombes, au sol profond et facile, une place pour leurs travailleurs, qui seront inoccupés une moitié de l'année, par la raison bien simple que leur nombre aura crû dans la même proportion que l'étendue de terre à cultiver diminuait pour chacun d'eux ?

Et ne sera-ce pas alors qu'il sera vrai de dire que le développement de la grande culture sera venu en aide à celui de la petite, et que le pays qui aura su tirer tout le parti possible de ces deux immenses forces en les complétant l'une par l'autre, pourra prétendre aux plus belles destinées ?

# EXTRAIT

## DE LA SECONDE SÉANCE

# DU COURS D'AGRICULTURE

PROFESSÉ A LYON DANS L'HIVER 1839-40

faisant partie de l'introduction du cours.

Une pensée me vient, Messieurs, qui ne laisse pas
que de me troubler. De ce que je viens de dire et de ce
que j'aurai à vous dire encore, iriez vous conclure que
je trouve chose fâcheuse la petite propriété, c'est-à-dire
la participation du grand nombre à la propriété du
sol? Penseriez-vous qu'il soit dans mes intentions
d'apporter ma part dans un travail lent, mais sûr, qui
aurait pour but de reconstituer la grande propriété
aux dépens de la petite? — Ce que j'ai dit des profits
que les possesseurs de grandes terres auraient droit
d'espérer en les cultivant d'une manière rationnelle,
au lieu de les vendre, vous autoriserait-il à conjecturer
que je méconnais tout ce qu'il y a de providentiel et
de tranquillisant pour l'avenir dans cette attribution
sur vaste échelle, faite récemment, de la propriété du
sol au grand nombre? Irait-on jusqu'à me faire dire
que, pour moi, il n'y a de prospérité agricole que là
où cette prospérité profite à une espèce d'aristocratie
territoriale? Permettez-moi d'ajouter quelques mots,

qui, je l'espère, détruiront jusqu'à l'ombre d'un soupçon qui ne saurait prendre corps qu'en travestissant toutes mes convictions.

Pour moi, comme pour vous tous, une agriculture prospère sera toujours celle qui nous offrira une culture soignée des champs, des plantations en bon état, des récoltes abondantes, un bétail gras et vigoureux, des maisons de fermes et de paysans propres et bien entretenues, la santé et le contentement chez les ouvriers; c'est-à-dire que, suivant une définition que j'emprunte à un agronome célèbre, M. le comte de Gasparin, l'agriculture la plus prospère sera toujours celle qui paiera le plus possible la plus grande somme de travaux possible, celle à laquelle sera appliqué un fort capital dépensé avec intelligence.

Or, il est incontestable que la division du sol en petites propriétés favorise l'établissement des cultures qui emploient un capital considérable, parce que, là où le sol est divisé en petits lots, il est mieux proportionné au capital de travail dont peuvent disposer les ouvriers, et que le nombre de ceux-ci, augmentant à mesure que l'étendue des terres à cultiver diminue pour chacun d'eux, ce capital devient toujours proportionnément plus fort. Au point de vue social, la division du sol entre un grand nombre des habitants qui le couvrent se montre sous un aspect plus favorable encore : le raisonnement et l'expérience s'accordent à démontrer que, plus le nombre des propriétaires est considérable, plus il y a de citoyens intéressés au

maintien de l'ordre et de la paix publique. Le culti-
vateur-propriétaire est plus actif, plus prévoyant; il
est aussi plus éclairé et plus moral : or, un pays de
petite culture présente un nombre infiniment plus
grand de propriétaires qu'un pays de grande culture.
— Mais pouvons-nous, à notre gré, je vous le demande, faire qu'un territoire délaissé, dépeuplé,
couvert de bruyères et d'étangs, devienne un pays de
petite culture? Nous est-il loisible d'obtenir, par
exemple, que la Dombes, qui a deux cent cinquante
habitants par lieue carrée, en ait tout-à-coup, comme
la Flandre, six mille, pour suffire à des cultures de
colza, de lin et de chanvre? Or, Messieurs, si vous
n'avez pas perdu de vue ce que j'ai dit, c'est du mode
de culture à adopter transitoirement sur de vastes
étendues manquant de bras, qu'il s'agit aujourd'hui ;
et ces terrains composent la cinquième partie de la
France ; et ces terrains sont délaissés pour la vierge
Amérique par les flots d'émigrants qui, chaque année,
traversent les Alléganys ; et, si l'on n'y prend garde,
les marais de la Mitidja, qui demandent des millions
pour être desséchés, seront livrés à la culture longtemps avant que l'on se soit décidé à dépenser quelques
centaines de francs pour ouvrir les chaussées artificielles qui, forçant les eaux de la Dombes à stagner
sur de vastes étendues, font de ce malheureux pays un
marais pestilentiel à l'époque où les chaleurs éva-
porent l'eau des contours.

Ce n'est donc pas, pour le moment, par la petite

culture, qui ne saurait exister sans beaucoup de petits
cultivateurs, que l'agriculture des terrains qui nous
occupent pourra devenir prospère ; ce ne sera pas par
l'emploi de capitaux de travail et de bras, que nous
n'avons pas à notre disposition, mais par l'apport de
capitaux mobiliers appliqués à un mode de culture
qui, entre tous et dans les circonstances actuelles, est
précisément celui qui, tout en demandant le moins,
promet des bénéfices nets plus considérables que ceux
même que peut offrir la petite culture. — D'ailleurs,
penseriez-vous que ce fût réellement un bien que
celle-ci vînt à s'établir partout, en tous lieux, et avec
elle, le morcellement exagéré, qui en est la suite?

Je veux supposer un moment que ce morcellement,
au lieu de se maintenir autour des grands centres de
population, où il se pourvoit d'engrais, finisse par
atteindre toutes les parties du territoire français, les
grands propriétaires eux-mêmes aidant, eh bien! je
ne crains pas de le dire, dès ce moment, notre pays,
qui aurait pu s'élever à une si haute prospérité agricole par le maintien d'un juste équilibre entre la
grande et la petite culture, notre pays, dès ce moment,
souffrira d'un mal sans remède.

Personne ne contestera que la situation naturelle et
normale d'un État ne soit celle qui donne le premier
rang, pour l'importance et pour l'étendue, à la production agricole. Les besoins les plus constants, les
plus essentiels, ne sont-ils pas ceux que l'agriculture
a mission de satisfaire? N'est-ce pas elle, elle seule,

qui doit pourvoir à l'alimentation, aux vêtements et à une forte part de l'éclairage et du chauffage ? N'est-ce pas elle qui doit fournir presque exclusivement toutes les matières premières que l'industrie doit approprier à l'usage des populations ? Je sais bien qu'un pays pourra, par la voie du commerce, demander ces productions à l'agriculture étrangère, et ce sera pour lui une nécessité s'il a négligé de développer la sienne propre ; mais c'est précisément dans cette situation, à laquelle nous conduirait le morcellement exagéré, que je veux vous faire entrevoir un péril éminent.

Il se peut bien faire qu'entre les différentes provinces d'un même État, il y ait partage des différentes industries au grand avantage du corps social. Parmi ces provinces, les unes pourront être exclusivement agricoles et les autres exclusivement industrielles : tandis que l'âpreté du climat, la situation près des côtes ou des grands fleuves, feront une loi à certaines parties montagneuses ou maritimes de se livrer au commerce ou à l'industrie, les plaines du centre pourront retirer de grands profits en ne s'occupant que de la culture du sol. Le pays tout entier, bien loin de souffrir de cet état de choses, lui devra augmentation de la richesse publique par les bénéfices obtenus de l'échange des produits surabondants, surtout si les voies de communication sont sûres et faciles. Les provinces agricoles serviront de débouchés aux produits de celles qui ne seront qu'industrielles, et, réciproquement ; ces produits seront toujours créés utilement ; et c'est ainsi

que, dans cette diversité d'occupations des différents
habitants du même pays, la division du travail trouvera
la plus belle et la plus avantageuse de ses applica-
tions.

Mais, si cette situation peut être souhaitable *entre
les différentes provinces d'un même État*, elle ne le sera
jamais *d'un État à un autre*. Quelque séduisante, quelque heureuse qu'elle puisse être en apparence, elle
constituera toujours une existence précaire et pleine
de périls pour le pays qui, négligeant ses vrais intérêts, se serait mis dans le cas de devoir toujours
recourir à l'agriculture étrangère pour la satisfaction
de ses besoins les plus essentiels.

Eh bien! Messieurs, il faut se hâter de le dire, la
France, si évidemment destinée à être par-dessus tout
agricole; la France, qui pourrait tout produire, et les
plantes industrielles dans les parties de son territoire
où le sol est riche et la population abondante, et les
produits animaux dans les grandes terres, que viendraient vivifier les capitaux créés par une industrie
d'autant plus prospère, que les matières premières
seraient plus abondantes et obtenues à meilleur marché; la France, du jour où le morcellement viendra
attaquer le dernier grand domaine, s'acheminera vers
un avenir qui la verra tributaire de l'étranger pour
les produits les plus indispensables à ses besoins.

Et ne la voyez-vous pas déjà, aujourd'hui où elle a
grandement diminué ses prairies et ses pâturages par
la division des grands domaines, demander à l'Alle-

magne son bétail, après lui avoir demandé ses laines?
De toutes parts arrivent à la Chambre des pétitions
dans ce sens. On y expose, non sans raison, que la
culture des lins, des chanvres, des garances, des
colzas et des mûriers, prenant la place des prairies ou
pâturages secs, et faisant ainsi disparaître les moyens
d'élever et d'engraisser le bétail, on doit, dans l'intérêt du plus grand nombre, le demander à la culture
étrangère; et c'est une question de savoir s'il ne sera
pas fait droit à cette demande; et c'est une question
de savoir si une réponse favorable ne viendra pas
briser la seule planche de salut qui reste à notre
agriculture dans les circonstances actuelles.

Au prix qu'ont atteint aujourd'hui les produits
animaux, prix que maintient le droit protecteur établi
en 1822, les exploitants des grandes terres peuvent se
livrer avec profit à leur création et doter le pays de
richesses nouvelles; mais qu'ils s'empressent de saisir
cet avantage, que la petite culture leur cède; s'ils ne
se hâtent, le monopole des produits précieux que l'on
obtient avec les fourrages tombera entre les mains de
l'étranger. Et ce résultat est infaillible si, dans l'état
actuel de morcellement des terres, de substitution des
plantes industrielles épuisantes aux prairies, le fourrage
devient tous les jours plus rare et plus difficile à obtenir
ce résultat est infaillible si, dans l'état actuel d'épuisement des grandes terres, d'ignorance chez leurs
exploitants, et conséquemment, de cherté et de haut
prix de revient des fourrages, le prix actuel des pro-

duits animaux vient à baisser par le fait de l'introduction libre du bétail étranger, avant que les exploitants des grands domaines aient appris comment il est facile d'obtenir de l'herbe naturelle ou artificielle en abondance, à bon marché et avec profits.

Or, savez-vous, Messieurs, ce qui arrivera le jour où l'étranger aura le monopole des produits animaux et de la production des fourrages? Il arrivera que, ce jour-là même, il pourra prévoir le moment où devra lui revenir infailliblement encore le monopole des autres produits, celui d'alimenter nos fabriques, non plus seulement de laines, mais de chanvre, de lin, de plantes à huile, et cela parce que, lui seul sera en mesure de produire ces plantes à bas prix, grâce à la fécond té que la culture fourragère, abandonnée par nous, aura créée dans ses terres.

Permettez, Messieurs, que, pour rendre plus claire ma pensée, je fasse une excursion dans le domaine de la science de la production agricole; il le faut bien, puisqu'il est incontestable pour moi que, dans toutes les controverses qui se rattachent, de près ou de loin, à l'agriculture, on raisonne dans le vide dès qu'on cesse d'adopter ses premiers principes comme base du raisonnement.

Point de production profitable à attendre de la terre sans engrais.

Je vous le disais l'année dernière, je l'annonçais, à la première séance de mon cours, et je le répétais encore à la dernière, parce que cette vérité, à elle seule, peut, suivant qu'elle est bien ou mal comprise, déterminer les profits ou les pertes dans la production agricole.

Le poids des récoltes est toujours proportionné à la masse d'engrais mise à leur portée et consommée par elles.

Pour qu'un sol donne cent livres de blé, grain et paille, il faut que ce sol ait contenu préalablement cent livres de parties sèches de fumier, et que ce fumier ait été mis à la portée des racines. — Impossibilité de continuer *avec profit* la production des céréales dans un sol que nous supposerons complétement épuisé de l'engrais que le repos, ou la jachère, ou l'état d'herbage, ou des fumures antérieures, y avaient accumulé, si, trop éloigné des villes qui vendent les engrais, on n'a pas à sa disposition assez de fourrage pour pouvoir restituer à la terre qui vient de porter une récolte de grains, non-seulement la paille de ce grain, mais encore un poids de foin converti en fumier égal au poids du grain qu'on enlève C'est ainsi que, dans ces pays où l'on a continué de tenir le sol partagé en deux parties bien distinctes et qui ne se confondent jamais, l'une en prés naturels destinés à donner du foin, l'autre en terres arables invariablement destinées à la production des grains (caractère distinctif de la culture ancienne); c'est ainsi, dis-je, que, dans l'assolement triennal pur que l'on y suit ordinairement, et qui consiste à faire succéder deux céréales à une jachère fumée, les récoltes de grains ont faibli partout dès que le cultivateur n'a plus eu assez de prés pour fumer la jachère, c'est-à-dire qu'il a cessé d'avoir, en prés, une étendue égale au tiers de ses terres. Dès que la diminution dans les prés a été telle que, réduit à l'impossibilité de fumer sa jachère, il a été obligé d'y revenir tous les deux ans sans pouvoir la fumer, la culture d'un misérable seigle, toujours aussi chargée de frais que l'était auparavant celle d'un beau froment sur fumure, n'a plus été pour lui qu'une source de ruine ; c'est ainsi que les étangs, en prenant la place des prés en Dombes, ont réduit ce malheureux pays à n'être qu'un désert, à la porte d'une ville de deux cent mille habitants. Vous pouvez être certains que là où subsiste encore l'assolement triennal pur, sans diminution dans les récoltes de grains, on trouve, en prairies, la proportion dont je vous parlais tout à l'heure, trente-trois hectares de prés pour cent hectares de terres labourables. En Piémont, elle est bien plus forte ; on trouve invariablement trente-trois hectares de prés pour soixante-six de terres arables, et ces prairies sont arrosées et compostées ; mais aussi, à l'aide de cet excédant de prés, on a pu substituer le maïs à la jachère, sans diminution dans le produit des deux blés qui le suivent, c'est-à-dire qu'à l'aide d'une proportion plus forte de foin, on a pu avoir une proportion plus forte de grains. C'est ainsi, comme je vous le disais, que la production agricole est toujours en rapport avec l'engrais contenu dans le sol.

Bien qu'il y ait des cas où il paraisse que la terre produise sans engrais, cela n'est jamais vrai ; si nous voyons la production continuer sur une terre qui n'est pas fumée, c'est que, par l'application d'amendements calcaires, de desséchements, de labours plus profonds, de jachères mieux faites, on a rendu soluble, c'est-à-dire utile pour les plantes , l'engrais contenu dans le sol à l'état d'insolubilité. Bien que ce sol ne produisît rien avant les travaux qui ont eu pour but et pour effet de faire entrer en fermentation , c'est-à-dire de rendre solubles les matières végétales ou animales qu'il contenait ; bien qu'après ces travaux , ce sol ait produit sans application de fumiers nouveaux , il ne sera jamais vrai de dire qu'il ait produit sans engrais ; seulement , l'engrais que son insolubilité rendait inutile pour les plantes , a pu leur servir de nourriture en devenant *soluble*.

Car, vous le savez , l'humus , sous forme pulvérulente, ne peut pénétrer dans le tissu des plantes; pour qu'il puisse être absorbé par elles, il faut qu'à l'aide d'une fermentation , d'une décomposition préalables , il ait subi une nouvelle transformation qui le rende soluble dans l'eau. C'est dans cet état seulement que les plantes qui ne sont pas douées de locomobilité , peuvent le saisir avec leurs racines quand il est mis à leur portée par l'eau.

Or , cette décomposition qui rend l'humus *soluble* , ne peut avoir lieu que sous l'influence de trois agents : *la chaleur, l'humidité et l'air*. Si un seul de ces agents vient à manquer, la décomposition ne peut avoir lieu ; si l'un deux existe dans un rapport trop grand ou trop petit, cette décomposition ne peut avoir lieu que très-lentement.

Ainsi l'excès d'humidité et l'absence de chaleur dans

10

les marais rendent absolument inutiles pour la production les masses de matières végétales qu'ils contiennent. Desséchez, au contraire, faites que ce terrain, tout en conservant le degré d'humidité nécessaire, devienne perméable à l'air et à la chaleur, et bientôt cette tourbe inerte, qui ne produisait que des carex, va vous donner des chanvres et des choux magnifiques.

Ainsi, dans l'intérieur du chaume qui couvre nos bâtiments ruraux, il y a bien chaleur, mais pas humidité. Aussi ce chaume, qui serait décomposé au bout de quelques mois s'il était exposé à l'air libre en gros tas, sera dix ans sans être altéré par la décomposition.

Vous avez, sans doute, observé la même chose au sujet des pailles qui baignent dans l'eau de nos mares sans être tassées. On retire cette paille toute blanche au bout d'une année d'immersion, tandis qu'un mois suffira pour décomposer, si au sortir de la mare, elle est mise en gros tas, où la chaleur s'établira bientôt, l'eau surabondante venant à s'écouler.

Tant qu'il n'y a que de l'humidité, ou bien seulement de la chaleur, et que l'eau ne pénètre que difficilement, pas de décomposition, pas de solubilité des parties végétales que le sol renferme, ou bien qui sont à sa surface, et par conséquent, effet presque nul, ou du moins très-lent, sur la végétation; fermentation, décomposition prompte, au contraire, et d'un effet immédiat sur la végétation, dès que ces trois puissants agents de décomposition concourrent dans des proportions convenables.

Or, les fossés d'écoulement, les labours profonds, et surtout les labours bien faits de jachères daus les terres argileuses, les desséchements dans les marais, les défrichements dans les bois, et, comme complément d'un grand effet, l'application de la chaux, ont pour résultat, en ouvrant, en aérant, en saignant le sol, en détruisant l'acidité des parties végétales depuis long temps soustraites à l'action de l'atmosphère, de faire pénétrer *l'air, l'humidité et la chaleur*, jusqu'aux matières végétales et animales qu'il contenait à l'état insoluble, de les rendre solubles par la décomposition, et d'obtenir ainsi de magnifiques récoltes.

Mais, je vous le demande, pouvez-vous, dans ce cas, dire que vous les avez obtenues *sans engrais?* et pourrez-vous vous flatter qu'après avoir fait décomposer cet engrais jusqu'à son dernier atome par votre excellent mode de labourage, et l'avoir complétement épuisé par des productions qui, toujours, auront été portées au marché sans revenir aux champs, votre terre soit toujours aussi libérale? Pouvez-vous vous flatter qu'une fois épuisée de toutes ses parties nutritives, elle puisse continuer de satisfaire à toutes vos exigences, quand vous ne la fumerez plus qu'à *coups de charrue?* Illusion! Tandis que, dans l'origine, elle vous donnait cent, avec un labour qui coûtait vingt, elle ne vous donnera plus que dix pour payer un labour qui coûtera peut-être trente, si, comme il est arrivé jusqu'à présent, les charges de culture ont augmenté dans la même proportion que la terre s'épuisait par des cultures imprudentes.

Dès-lors , production d'un prix de revient plus élevé que celui que fait obtenir la vente ; dès-lors , perte et ruine dans la culture , et ruine d'autant plus grande , qu'on emploie plus de bras, et que l'on doit nourrir un plus grand nombre de travailleurs.

Dites-moi si ce n'est pas là ce qui se passe dans les pays où une division exagérée a introduit une culture petite aussi jusqu'à l'exagération, dans ces pays où la soif fiévreuse de devenir propriétaire d'un petit terrain , plutôt que fermier ou ouvrier dans l'aisance sur la terre d'autrui , fait qu'on achète à tout prix sans avoir les moyens de tout payer ?

Les intérêts usuraires à servir d'un prix d'acquisition hors de proportion avec les produits antérieurs , la nombreuse famille à nourrir conduisent tout d'abord à défricher les prés assez riches pour pouvoir fournir sans engrais plusieurs récoltes épuisantes de l'espèce de celles qui, suivant le langage ordinaire, *font de l'argent;* puis , quand la couche superficielle est épuisée , on a recours à des défoncements, qui, ramenant à la surface et rendant solubles les richesses végétales enfouies , mettent de nouvelles récoltes à la disposition du cultivateur. Celui-ci sue et meurt à la peine pour épuiser quelques ares d'un marais desséché; cet autre a défriché et écobué un morceau de bois , et ne se lassera de lui demander que lorsqu'il se lassera de produire, toujours plus infatigable et plus insatiable à mesure que sa famille augmente.

Mais la famille ne saurait augmenter sur une éten-

due qui, restant toujours la même, s'épuise progressi-
vement, sans que, par le fait de la nécessité de subvenir à tous les besoins de cette famille, la position des
travailleurs ne devienne intolérable ; car si la production de cinquante hectolitres de blé, obtenue par le
travail de six personnes sur une terre riche encore,
leur fournit les moyens de se nourrir et de se vêtir, ce
ne sera plus la même chose lorsque, la famille augmentant, la production diminuera, au contraire, par
le fait de l'épuisement de la terre.

Alors, nécessité, enfin comprise, de réparer l'épuisement par des engrais; mais il n'est déjà plus temps : le
fractionnement de la terre en un nombre de parcelles
suffisant pour que chaque membre de la famille ait la
sienne, rend la culture des fourrages réparateurs impossible. Si le voisinage d'une ville populeuse ne vient
remédier à ce mal par les engrais qu'elle peut vendre,
on pourra prolonger encore cet état de choses par l'emploi de moyens extrêmes, par exemple, en dépouillant
les bois de leurs feuilles d'abord, puis de leurs bran-
ches, puis, enfin, de cette végétation languissante qui
aura succédé aux arbres morts faute de nourriture ;
mais ces moyens seront bientôt épuisés.

Voyez Jauffret, habitant d'un pays de très-petite culture, qui, faute de fourrages et d'espaces suffisants pour
les pouvoir produire avec profit, n'a pour remédier à
l'épuisement de ses cultures jardinières, que les bruyères, les buis, les arbousiers parsemés sur les flancs de
montagnes dénudées ; il a trouvé le moyen de faire que

ces matières, de lente et difficile décomposition, deviennent solubles par une fermentation de quelques semaines : le voilà qui s'exalte pour ce qu'il appelle la magnificence de sa découverte, et qui vient mourir de chagrin dans un pays producteur de fourrages, parce qu'on y dédaigne un procédé qui, appliqué à des matières végétales ligneuses, dote bien l'agriculture d'un engrais qui ne coûte que ce que coûtent ces matières, ordinairement peu recherchées, mais qui, appliqué à des pailles du prix de 5 fr. les 100 kilogr., fait revenir au même prix les cent kilogr. d'un fumier non animalisé.

C'est que, bien que se trompant sur les nécessités d'une situation économique à laquelle il était toujours demeuré étranger, homme de la petite culture, il avait bien compris que, quelque coûteux que soit pour elle un engrais, ce qu'il y a de plus coûteux encore, c'est de n'en pas avoir ; et cette mort désespérée nous reste comme une preuve sans réplique de la manière dont un petit cultivateur intelligent pouvait être affecté de cet extrême besoin, de cet extrême disette d'engrais, à laquelle peut être réduit un pays de petite culture qui est à bout de sa dernière ressource, *celle qui a consisté à épuiser par le labour le mieux entendu tout l'engrais que pouvait contenir le sol.*

Il n'y a qu'un remède à un pareil mal, lorsqu'il vient à se produire au milieu de populations agglomérées, c'est l'émigration par masses, telle que nous la voyons pratiquée sur les bords du Rhin et en Alsace.

Mais l'émigration n'est un remède efficace pour l'émigrant que lorsqu'il dispose de quelques bonnes sommes mises en réserve; or, quiconque, ayant fait de la
culture son unique occupation, a cultivé le terrain
qui lui appartenait jusqu'à ce qu'il refusât de produire, est un homme qui n'a que des dettes.

Il y aurait bien un autre remède, c'est que le cultivateur pût vendre ses denrées toujours plus chère-
ment, à mesure qu'elles lui coûteraient davantage à
produire.

*Mais comment pourrait-il compter sur ce moyen de sa-
lut, puisque, passé un certain terme, il arrivera certainement que, dans l'intérêt du corps social, on devra permettre l'introduction des denrées que la culture étrangère
sera en mesure de fournir à meilleur marché, et cependant
avec bénéfice, parce que la plupart de ses grandes terres
auront su se maintenir fécondes par la culture étendue
des fourrages.*

Car c'est là, Messieurs, ce qui se passe à notre
porte. Par cela seul que les Allemands, possesseurs de
grandes terres, ont su se décider résolument, dans un
moment de détresse nationale, à leur confier leurs
capitaux et à les employer à la culture fécondante des
fourrages, et cela dans le même moment où les propriétaires français ne trouvaient rien de mieux, au
contraire, que de convertir leurs domaines en capitaux
mobiliers pour les jeter à l'industrialisme, ces intelligents voisins nous ont d'abord vendu leurs laines, et
bientôt nous vendront leurs moutons; toutes choses

dont la production leur est et leur sera toujours plus avantageuse par le fait du grand nombre de demandes. Puis, comme, en même temps et dans la même proportion que nous épuisons nos terres, l'Allemagne peut enrichir les siennes de tous les engrais obtenus de la consommation de ses fourrages, la fécondité de son sol, arrivée à 100, pendant que celle du nôtre tombera à 10, lui permettra de produire des matières premières à assez bon marché, non-seulement pour que ses fabriques puissent prospérer en les mettant en œuvre, *mais encore pour que nos fabriques françaises elles-mêmes soient obligées, pour pouvoir rivaliser, d'en demander l'introduction libre en concurrence avec les produits français.*

Mais alors qui pourra sonder la profondeur de la plaie causée par notre imprévoyance? Du jour où nos fabriques seront devenues tributaires de la culture étrangère; du jour où les produits de la culture française resteront sans acheteurs à cause de leur haut prix, ou du moins qu'ils ne pourront être achetés avec avantage qu'autant que les producteurs auront consenti à perdre en les donnant au-dessous du prix de revient, tenez pour certain que, ce jour-là même, nos fabriques devront aussi demander à l'étranger des acheteurs de leurs produits manufacturés; car le cultivateur ruiné et qui ne sera pas cultivateur alors, le cultivateur ruiné ne saurait consacrer la moindre somme à l'achat de tout ce qui ne sera pas pour lui de première nécessité.

Voilà cependant, Messieurs, la voie désastreuse que le morcellement exagéré ouvrirait, voilà l'avenir qui est réservé à notre société française si l'exploitation des grandes terres, profitable par le moyen des fourrages et des engrais abondants, ne vient pas dès à présent contre-balancer le pernicieux effet des cultures qui, après avoir consommé la ruine des prés, auront aussi consommé la ruine des terres, dès que la division, poussée à l'extrême, aura réduit les champs en parcelles si minimes, que la culture des fourrages réparateurs d'une durée de plusieurs années y sera devenue impossible.

S'il est, en agriculture, une vérité qui doive faire axiome, c'est celle-ci : *Que plus une terre sera pauvre ou épuisée de l'engrais propre à nourrir les plantes, plus faible sera* le produit net *que l'on obtiendra par sa culture.*

Car, si une récolte faible par défaut de richesse du sol demande moins de cette espèce de frais qui dépendent de la masse des produits obtenus, et qu'on est convenu d'appeler *frais de récoltes* (récoltes et leur entrée, battage, transport des engrais, etc.), elle devra, de même qu'une récolte plus abondante provenant d'une terre plus riche d'engrais, supporter tous ces frais qu'on appelle *frais de culture* (labours, hersages, semailles, rigolages, etc.), parce que le chiffre de ces frais ne dépend nullement du plus ou moins de richesse du sol, mais de sa superficie.

Étant donné un terrain dont la constitution physi-

que n'a pas été altérée, où le système de culture continue d'être le même, qui est soumis aux mêmes puissances agissantes, les frais *de culture* resteront toujours
les mêmes, que la production soit abondante ou faible;
les frais *de récoltes* seuls, et peut-être les frais généraux, augmenteront ou diminueront en proportion
directe avec la masse des produits.

Conséquence inévitable : *Chiffre du produit net, et
par conséquent de la richesse particulière et nationale,
proportionnel au chiffre de la richesse du sol en engrais.*

Une démonstration, dont je puise les éléments dans
mes notes sur l'exploitation de Tellow, prouvera que,
même dans le cas où les frais généraux, comme les
frais de récoltes, devraient subir une diminution pro-
portionnelle à la production, le chiffre du produit net
peut aisément descendre à zéro sans qu'il soit besoin
de supposer un extrême épuisement du sol.

Les données fournies par les expériences faites avec
la plus rigoureuse exactitude, pendant cinq ans, à
Tellow, sur un terrain d'orge de première classe, où
les céréales viennent sur le rompu d'un pâturage ar-
tificiel qui a duré trois ans, ont donné les résultats
suivants :

Lorsque le produit en seigle est de dix grains, c'est
à-dire de dix hectolitres pour trente-trois ares cin-
quante-six centiares, soit de vingt-neuf hectolitres
quatre-vingts litres par hectare, et la valeur de l'hectolitre de seigle sur la propriété de 8 fr. 95 c., une
superficie de cent quatre-vingt-quatre hectares vingt

centiares, donne un produit brut total de 19,435 fr.
Frais de culture, valeur des

| | |
|---|---|
| semailles comprise. | 5,741 fr. |
| — de récoltes. . . . | 2,909 |
| — généraux. . . . . | 5,170 |
| Total des frais. . | 13,820 |

qui, retranchés du produit brut,
donnent un produit net de. . .    5,615.

Les frais de culture étant toujours les mêmes, les
frais de récoltes et les frais généraux seuls augmentant ou diminuant en proportion directe avec ce produit, quel sera le produit net obtenu par la culture
d'un terrain dont la fécondité sera moins élevée faute
d'une aussi grande richesse en engrais?

A. Pour un produit de **9** grains = hectol. **26,84**
par hectare.

Produit brut, diminué de 1/10. . . . 17,490 fr.

| | |
|---|---|
| Frais de culture, les mêmes. | 5,741 fr. |
| — de récoltes diminués de 1/10. . . . . . | 2,618 |
| — généraux, *id.* . . . | 4,655 |
| Total des frais. . . . | 13,012 |
| Produit net. . . . . | 4,478 |

B. Pour un produit de 8 grains = hectol. **23,85** par
hectare.

Produit brut, diminué de 2/10. . . . 15,547 fr.

Frais de culture, les mêmes. 5,744 fr.

  — de récoltes, diminués de

     2/10. . . . . . 2,528

  — généraux, *id.* . . 4,456

         Total des frais. . . 12,205

         Produit net . . . 5,342

C. Pour un produit de 7 grains = hectol. 20,85 par hectare.

Produit brut, diminué de 3/10. . . 15,603 fr.

Frais de culture, les mêmes. . . 5,744 f.

  — de récoltes, diminués de

     3/10. . . . . . 2,058

  — généraux, *id.* . . . . 3,649

         Total des frais. . . 11,508

         Produit net. . . . 2,206

D. Pour un produit de 6 grains = hectol. 17,87 par hectare.

Produit brut, diminué de 4/10. . . . 11,660 fr.

Frais de culture, les mêmes. . 5,744 fr.

  — de récoltes, diminués de

     4/10. . . . . . 1,746

  — généraux, *id.* . . . 3,402

         Total des frais. . . . 10,589

         Produit net . . . . 1,071

E. Pour un produit de 5 grains = hectol. 14,90 par hectare.

Produit brut, diminué de 5/10. . . . 9,747 fr.

Frais de culture, les mêmes. . 5,744 fr.

— de récoltes, diminués de

    5/10. . . . . . 1,455

— généraux, *id.* . . . 2,585

    Total des frais. . . . 9,784

    Perte . . . . . . 64

Un épuisement qui n'a rien d'extraordinaire dans les circonstances économiques actuelles de l'agriculture de la France, aura donc suffi pour anéantir complétement un bénéfice net de 5,615 fr., qui chaque année et par chaque étendue de terre de cent quatre-vingt-quatre hectares cultivée rationnellement, venait accroître d'autant le chiffre de la richesse particulière et publique. Or, nous venons de voir que le morcellement exagéré conduisait nécessairement à l'épuisement du sol.

Remarquons que, pour arriver à ce triste résultat, nous n'avons pas eu besoin de supposer une augmentation dans les frais de culture, non plus que dans les frais généraux, que nous avons au contraire, toujours diminués proportionnellement au produit.

Que sera-ce si, comme il arrive fréquemment en France, le morcellement, venant à forcer le cultivateur à résider au village, loin du terrain nouvellement acheté, parce que son exiguité ne pourrait supporter les frais de construction d'une habitation ; que se ra-ce, dis-je, *de la diminution dans son produit net*, si obligé à des allées et venues continuelles pour la culture d'un champ où les bêtes de trait, arrêtées sans cesse par des limites rapprochées, devront mettre autant de temps à retourner la charrue qu'à la faire marcher ; que sera-ce si ses frais de culture et ses frais généraux vont croissant à mesure que sa terre s'épuisera?

Il me semble que c'est là un sujet de recherches qui mé.ite de fixer l'attention de tout homme qui ne saurait demeurer indifférent à la prospérité ou à la misère de son pays.

Ce seront encore les renseignements fournis par M. de Thünen sur sa culture qui nous aideront à trouver le point où devra s'arrêter le bénéfice et commencer la détresse, dans le cas d'un éloignement plus ou moins considérable des bâtiments d'exploitation par rapport aux terres à exploiter.

Nous trouvons chez M. de Thünen les travaux divisés en deux classes :

La première, comprenant ceux dont la somme *croit en raison de la distance* à parcourir ( transports et déchargements de l'engrais au champ; transports et chargements des récoltes au champ; travaux de récoltes et de culture sur le champ, comme fauchage, liage, labours, hersages, semailles, etc.).

La deuxième classe, comprenant les travaux qui se font à l'exploitation même, comme battage, charge-

ments de l'engrais, déchargements des récoltes, etc.
Ces travaux restent toujours les mêmes, quelle que soit
la distance ; nous les appellerons *indépendants de la
distance.*

D'après un calcul spécial, les travaux nécessités à
Tellow par la culture de cent vingt-huit hectares de
terres arables produisant dix grains, et à distance
moyenne de neuf cent soixante-deux mètres des bâtiments d'exploitation, pour le parcours de laquelle
(aller et venir) il faut trente-deux minutes, ont
exigé une dépense de **2,610** fr. 60 c. pour les frais
de culture

**2,290.** . . pour les frais
de récoltes ;

et, soustraction faite de ces frais et des frais généraux,
il est resté un produit net de **4,569** fr. 32 c.

Des **2,610** fr. 60 c. représentant les frais de culture,

261, 06 c. dépendent de la distance, soit le 10
p. 0/0.

2.549 fr. 54 c. sont indépendants
de la distance.

Des 2,290 fr. représentant des frais de récolte,

806, 08 soit 55, 2 p. 0/0,
dépendent de la di-
stance.

4,483, 92 sont indépendants de
la distance.

Si nous mettons de côté, pour un moment, les frais occasionnés par la distance, ou, ce qui est la même chose, si nous supposons la distance 0, nous épargnerons sur les :

| | | |
|---|---|---|
| 2,610 fr., frais de culture. . . | 261 f. | 06 c. |
| 2,290   frais de récoltes. . . | 806 | 08 |
| Total des frais de la distance. . | 1,067 | 14 |
| La distance étant 0, le produit net, qui est de. . . . . . | 4.569 | 52 |
| augmenté du chiffre des frais de distance retranché aux autres frais sera. . . . . . | 5,436 | 46 |
| A mesure que la distance augmente de 962 mètres, le produit net diminue de . . . . . . . . | 1,067 | 14 |

Par conséquent,

| | | |
|---|---|---|
| la distance étant 0 mèt., le produit net sera. . . . | 5,436 | 64 |
| 962 . . . . | 4,369 | 52 |

| La distance étant : | Produit net : | |
|---|---|---|
| mètres 1,924 . . . . . . | 3,302 f. | 18 c. |
| 2,886 . . . . . . | 2,235 | 04 |
| 3,848 . . . . . . | 1,167 | 90 |
| 4,810 . . . . . . | 100 | 76 |
| 4,902 . . . . . . | 0 | |

Maintenant, à quelle distance cessera le produit net si la terre est épuisée de son engrais en même temps qu'elle s'éloigne toujours davantage de la résidence de l'exploitant ?

Nous avons vu que la diminution dans le produit brut ne faisait baisser que les frais de récoltes, sans rien changer aux frais de culture, qui restent toujours les mêmes.

Dans une culture où l'épuisement du sol aura rendu la production moins forte, nous ne pouvons donc espérer de diminution dans les frais *dépendants de la distance* que pour la part qui, parmi ces frais, entre dans les *frais de récoltes*.

Cette part, pour un produit de dix grains, est, comme nous l'avons vu, de 806 fr. 08 c.

Si la production diminue d'un grain, le dixième de cette somme de 806 fr. 08 c., c'est-à-dire 80 fr. 60 c., sera à retrancher du chiffre qui, dans une production de dix grains, représente les frais dépendants d'une distance de 962 mètres, ce qui abaissera à 986,54 le chiffre 1,067,14.

Si la production descend à huit grains, c'est-à-dire faiblit de deux dixièmes, la seule diminution à faire au chiffre qui, dans une production de dix grains, représente les frais dépendants de la distance, ne sera que de deux dixièmes du chiffre 806,08, qui indique les seuls frais de distance qui puissent être diminués proportionnellement à la production, ce qui abaissera à 905,94 le chiffre 1,067,14.

14

*Production de 10 grains.*

|  | | f. c. |
|---|---|---|
| Frais dépendants { | Partie des frais de culture *immuables*....... 261 06 } | 1,067 14 |
| de la distance. { | Partie des frais de recolte *proportionnels*, ... 806 08 } | |

*Production de 9 grains.*

| Frais dépendants { | Partie des frais de culture *immuables*........ 261 06 } | 986 5 |
|---|---|---|
| de la distance. { | Partie des frais de récoltes *diminués* de 1/10.. 725 48 } | |

*Production de 8 grains.*

| Frais dépendants { | Partie des frais de culture *immuables*........ 261 06 } | 905 94 |
|---|---|---|
| de la distance. { | Partie des frais de récoltes *diminués* de 2/10.. 644 88 } | |

C'est d'après cela que le tableau suivant a été cal‑
culé.

Pour son intelligence, nous dirons, sans entrer dans
des calculs semblables à ceux qui ont été présentés
précédemment, que, si le produit net de 128 hec‑
tares de terres avec une production de 10 grains, est
de . . . . . . . . . . . . . 5,456 f. 46 c.
lorsque la terre arable est éloignée
des bâtiments d'exploitation d'une
distance de 0 mètres, il sera,
avec un produit de 9 grains. . . . 4,465 50
8 » . . . 3,494 54
7 » . . . 2,523 58
6 » . . . 1,552 62

| Le produit net obtenu par la culture de 128 hectares de terres arables, est pour un produit de..... | 10 GRAINS. | 9 GRAINS. | 8 GRAINS. | 7 GRAINS. | 6 GRAINS. |
|---|---|---|---|---|---|
| | fr. c. | fr. c. | fr. c. | fr. c. | fr. c. |
| Lorsque la terre arable est éloignée d'une distance de 0................ | 5,456 46 | 4,465 50 | 5,494 54 | 2,525 58 | 1,552 62 |
| A mesure que la distance augmente de 962 mètres, le produit net diminue de | 1,067 14 | 936 54 | 905 94 | 825 34 | 744 74 |
| A une distance de 962 mètres, le produit net sera | 4,569 32 | 5,478 96 | 2,588 60 | 1,708 24 | 807 88 |
| 1,924 | 5,302 18 | 2,492 42 | 1,682 66 | 882 90 | 65 14 |
| 2,029 | » » | » » | » » | » » | 0 |
| 2,886 | 2,255 04 | 1,505 88 | 776 72 | 57 56 | |
| 2,959 | » » | » » | » » | 0 | |
| 5,724 | » » | » » | 0 | | |
| 5,848 | 1,167 90 | 519 54 | | | |
| 4,561 | » » | 0 | | | |
| 4,810 | 100 76 | | | | |
| 4,902 | 0 | | | | |

Ainsi, le produit net, qui ne cessera qu'à une distance de près de cinq mille mètres dans la culture d'une terre assez riche en engrais pour donner dix grains, c'est-à-dire près de trente hectolitres par hectare, disparaîtra à une distance de deux mille mètres lorsque la terre cultivée ne pourra plus produire que six grains, c'est-à-dire encore près de dix-huit hectolitres par hectare.

Ainsi, toute terre cultivée, principalement pour le grain, de même constitution physique que la terre de dix grains, soumise aux mêmes puissances agissantes, mais assez épuisée d'engrais par les exigences de la petite culture, pour être réduite à ne donner que six grains, constituera le cultivateur en perte dès que, par suite de l'exagération du morcellement, il sera forcé de résider à une distance de plus de deux mille mètres de son champ. Or, le morcellement exagéré, ainsi que nous l'avons vu, implique la nécessité de deux choses : *épuisement* et *éloignement*.

Veuillez accepter avec confiance ces études sur la marche, les procédés de la petite culture, et sur les résultats auxquels ses efforts doivent aboutir dans un avenir que je redoute ; c'est un séjour et une lutte de quinze ans avec elle qui m'a permis de les faire. Si j'ai obtenu quelques succès, c'est en prenant le contre-pied de ce qu'elle faisait ; si elle semait en chanvre, puis en blé, un terrain défoncé et riche, moi, j'y mettais une luzerne. Me direz-vous qu'elle pouvait suivre la même marche, si elle me réussissait ? Non, car je n'ai pu l'adopter que le jour où j'ai cessé d'être petite culture, c'est-à-dire le jour où j'ai pu, à l'aide d'échanges et d'acquisitions, réunir en clos de grande étendue mes terres morcellées ; et ces acquisitions n'ont pas été faites aux dépens de la petite culture, mais aux dépens de bois improductifs situés dans de bonnes dispositions.

Eh bien ! Messieurs, ces bois de peu de valeur, ces vastes clos, qui n'attendent que la substitution de la jachère verte à la jachère morte pour être enrichis à peu de frais, vous les possédez, ou bien vous pouvez, avec plus d'avantages encore, ainsi que j'espère vous le prouver, les affermer, en y consacrant les capitaux nécessaires. Vos enfants, auxquels la concurrence ferme toutes les carrières, trouveront dans cette carrière nou-

velle un noble et utile emploi de leur temps. Mettez-
vous donc à l'œuvre, vous aurez servi non-seulement
vos intérêts, mais encore ceux du pays.

La petite culture, croyez-moi, la petite culture, dont
vous occuperez l'excédant de population, à laquelle
vous pourrez vendre à bon marché ses bêtes de trait,
ses vaches, la viande pour la nourrir, la laine pour
la vêtir ; les petits cultivateurs, dont vos écoles instrui-
ront les enfants, que vos caisses de prévoyance et d'é-
pargne affranchiront de la dure féodalité des usuriers,
qui trouveront dans vos familles l'exemple de cette foi
religieuse qui consolait nos pères ; les petits cultivateurs, pour lesquels vous aurez de la prévoyance, vous
à qui la culture fourragère donnera des loisirs, pendant
qu'un travail de jour et de nuit les tiendra sans cesse
courbés vers la terre ; la petite culture applaudira à vos
efforts.

Elle sait maintenant que vos souhaits ne sont pas
*pour qu'il n'y ait que de grandes propriétés, mais seulement
qu'il se conserve de grandes propriétés parsemées parmi les
petites.*

Quelques années de nobles efforts dans la voie que
je vous indique, et alors ce ne sera pas seulement la
grande famille française qui applaudira, mais la famille des peuples tout entière ; car alors des terres de
richesse égale, une production à conditions égales, permettront de lever toutes les barrières.

Je me vois forcé de couper court aux développements que comporte la magnifique question écono-

mique et sociale que nous examinons, quest'on qui, envisagée sous le point de vue de l'application aux grandes terres des capitaux créés par l'industrie, et d'un système de culture raisonnée, peut si aisément et si promptement passer du domaine de la théorie à celui de la pratique.

Je vous demanderai la permission d'y revenir quand, après vous avoir raconté succinctement ma pérégrination au milieu de la riche culture allemande, je vous aurai amené à comprendre ses bénéfices par l'histoire des efforts qui, pendant quarante ans, ont été faits par les gouvernements et par les particuliers sur cette terre intelligente.

Ce sera l'objet de la première séance; après quoi nous aborderons les moyens d'adapter au sol, au climat, aux capitaux, à la main-d'œuvre, en un mot, à toutes les circonstances et à tous les besoins de l'économie agricole de la France, une culture dont le dédain aboutirait à nous placer au dernier degré de l'échelle de prospérité agricole, et partant de la vraie richesse.

# EXTRAIT

DE LA DERNIÈRE SÉANCE

# DU COURS D'AGRICULTURE

PROFESSÉ A LYON DANS L'HIVER DE 1839-40.

Je me suis efforcé, messieurs, de vous démontrer dans les dernières séances, combien il était à souhaiter que le développement de la grande culture vînt tempérer les inconvénients auxquels pourrait entraîner l'exagération de la petite culture dans les circonstances économiques où se trouve la France. Je crois vous avoir donné une idée des efforts que l'Allemagne, privée de colonies et de marine, a dû faire pour se créer une prospérité agricole qui pût suffire à tous ses besoins présents, sans lui laisser d'alarmes pour l'avenir. Vous pressentez déjà de quel succès ces efforts ont été couronnés.

Je vous ai parlé de trente-trois millions de kilogr. de laine exportés chaque année, d'une fabrication de draps en Saxe et en Prusse seulement d'une valeur de cent soixante millions de francs. J'ai dit que les moutons formaient tout au plus la moitié des animaux entretenus; en ajoutant que l'Allemagne gardait, pour la cul-

ture de ses plantes industrielles, 400 kilogr. fumier par
kilogr. de laine produit , mon intention a été de vous
faire comprendre par ce seul mot le degré de prospérité
auquel devait parvenir un pays agricole dans la voie de
la culture fourragère.

Que si, malgré les craintes que j'ai laissées paraître,
vous pensiez que l'Allemagne dût néanmoins rester
notre tributaire pour les produits industriels , j'ajouterais que la Prusse, qui récoltait, en 1828, vingt-cinq
mille hectolitres de vin, en récolte aujourd'hui soixante
mille, et que, tandis qu'en 1825, elle tirait de la France
deux cent mille hectolitres, elle n'en demande maintenant que trente-cinq mille. Vous avez certainement
compris comment , à l'aide de la fécondité créée dans
son sol par les engrais obtenus de la consommation
de ses fourrages , elle en viendra à nous vendre des
lins, des colzas , etc. , bien loin de nous en demander.
Déjà les eaux-de-vie de ses immenses distilleries de
pommes de terre vont à Bordeaux par la voie de Hambourg ; et vous savez tous que les cinquante millions
que la Banque de France a prêtés dernièrement à l'Angleterre , ont été employés par cette nation à payer les
blés allemands.

J'ai ajouté une chose vraie, c'est qu'il devra peu servir aux propriétaires ou exploitants français de savoir
à quel degré de richesse peut conduire le développement rationnel de la culture des grandes terres , tant
qu'ils seront privés des moyens de l'entreprendre, c'est-
à-dire, tant qu'il ne trouveront que difficilement des

aides qui puissent les seconder ; de même qu'il serait
inutile pour des capitalistes de comprendre les bénéfices attachés à des opérations de mines, de chemins de
fer, de ponts suspendus, s'ils n'avaient pas d'ingénieurs
et de constructeurs à leur disposition. Je crois vous
avoir amené à comprendre par quel ensemble d'institutions l'Allemagne avait formé une classe de régisseurs agricoles appropriés aux besoins de la culture de
ses divers États.

Un coup d'œil jeté rapidement sur les exploitations
si remarquables de Moëglin, de Pitzphul, de Tellow, m'a
permis d'arrêter votre attention sur un point de la plus
haute importance, savoir : pour quelle forte part concourent aux bénéfices de la culture allemande, l'insignifiance des frais d'administration et d'état-major,
même dans des exploitations d'une étendue de douze
cents hectares , la sobriété dans le choix des instruments aratoires, l'extrême simplicité dans les constructions, le peu de train d'agriculture, en un mot, tous les
avantages qui résultent d'une position où l'on ne peut
disposer d'une main-d'œuvre abondante , et où les
terres ne sont pas encore assez riches pour la payer.

Il vous sera peut-être venu dans la pensée, ainsi qu'à
moi, que c'était précisément par le luxe de moyens
contraires que brillait ce que nous sommes convenus
d'appeler, en France, la bonne et vigoureuse agriculture ; cette agriculture pour laquelle les orateurs des
comices n'ont pas assez d'admiration et de tostes ; mais
alors vous êtes dans la disposition d'esprit où je vous

souhaiterais : de ce que l'agriculture des cultivateurs,
Messieurs , n'a pas été très-prospère jusqu'à présent ;
de ce que cette industrie ne leur a pas offert, à eux ,
ce charme qu'ils s'étaient promis d'un séjour au milieu
des champs ; à leurs capitaux, ce prompt et fructueux
emploi dont ils s'étaient flattés ; vous n'en concluez pas
que l'agriculture doive être nécessairement improspère
pour quiconque n'est pas né paysan , et que dès-lors ,
les capitaux et les intelligences doivent aller chercher
fortune ailleurs. Mais , sachant que dans un pays voisin , où précisément les intelligences et les capitaux vont à l'agriculture, on obtient , par l'emploi de
moyens tout contraires, des bénéfices que ne sauraient
égaler , en dernier résultat , ceux que peut présenter
tout autre industrie sûre, et, avec ces bénéfices , une
position honorable , pleine de tranquillité et de facilité de faire le bien, la plus enviable que je connaisse ,
vous vous prendrez, sinon à vouloir imiter tout de suite,
du moins à penser que ce pourrait bien être là la seule
bonne voie , et qu'il y a pour vous intérêt suffisant à
être attentifs à ce que j'aurai à vous en dire.

Que si vous veniez à douter de vos forces pour entrer et réussir dans la voie nouvelle, sur laquelle nos intelligents voisins se sont avancés avec tant de résolution, je vous dirai que, ce qu'ils ont voulu, vous pouvez
et devez le vouloir ; ce à quoi ils ont réussi, vous y réussi-
rez. Les circonstances économiques qui, en Allemagne,
ont commandé aux propriétaires de grandes terres ap-

pauvrics la substitution de la culture fourragère à la culture céréale exclusive , ne sont-elles pas les mêmes pour vous? Entre tous les peuples chez lesquels la civilisation a fait naître des besoins nouveaux, seriez-vous les seuls à ne pas entrevoir l'abîme vers lequel vous glissez ? Qu'attendez-vous encore ? que le gouvernement vienne à votre aide? qu'il vous imprime une direction agricole? Est-ce ce que vous espérez? Mais, en vérité, ce seraient là de ces espérances de malades qui, plutôt que d'essayer leurs forces, s'allanguiraient à consulter les regards de médecins impuissants. Voyez si c'est ainsi qu'on a procédé en Allemagne ; pénétrez dans ces congrès agricoles réunis si spontanément pour de sérieux travaux ; cherchez parmi les questions posées et résolues, parmi les propositions faites : en est-il une seule qui demande que les gouvernements aient à s'occuper de tel intérêt agricole; que les gouvernements prennent telle ou telle mesure, avisent à organiser telle réunion agricole ; nulle ne dit : *Il serait à souhaiter que le gouvernement fît ;* toutes disent : *Faisons nous nous-mêmes.*

Je ne sais si je me trompe ; mais il me semble que la série de questions de cette nature eût pris une large place dans le programme d'un comice agricole français. Aussi, de ces vœux stériles exprimés par des hommes qui pourraient , en réunissant leurs lumières et leur bon vouloir , constituer une spécialité si forte , que sort-il ?...

Ce grand congrès de Potsdam lui-même, pensez-vous que la création en soit due à quelque mesure administrative? Aussitôt qu'il a eu envie de naître, il est né. Les mêmes propriétaires qui avaient dit, il y a trois ans : Nous nous réunirons à Dresde, puis à Carlsruhe, pour y discuter de nos intérêts agricoles les plus pressants, ont décidé, cette année, à Potsdam, que le rendez-vous prochain serait à Brünn, en Autriche, et celui de l'année suivante, à Doberand, près de la mer Baltique. Et les princes, loin de prendre ombrage de cette réunion d'hommes venus de tous les points avec mission de représenter les intérêts des divers États, s'empressent et leur font accueil ; et les conseillers des princes, assistent à des discussions qui, les éclairant sur les vrais intérêts du pays, les mettent à même de les satisfaire autant que cela peut dépendre d'eux.

Il y a quelques années, avant que ces congrès eussent pris naissance, M. de Thünen, après quinze ans de patients travaux dans son exploitation mecklembourgeoise de Tellow, publia un ouvrage qui prouvait, jusqu'à l'évidence, que le seul fait de la vicieuse distribution des terres d'une exploitation par rapport aux bâtiments qui en étaient le siége, par exemple, de la position qu'auraient ces derniers à l'extrémité d'une possession qui serait très-longue, au lieu d'en occuper le centre, suffisait pour anéantir le bénéfice agricole. Il prouvait qu'autant les ordonnance de Charlemagne, qui forçaient les cultivateurs à l'agglomération dans les villages, et, conséquemment, à l'éloignement de leurs terres, avaient fait de mal à l'agriculture de l'Allemagne, autant l'agriculture du Holstein, où les armes de Charlemagne n'avaient pu pénétrer , avait prospéré , par cela seul que les paysans avaient pu continuer à résider au centre de leurs possessions. Eh bien! messieurs, l'apparition de ce livre , qui a fait profonde sensation en Allemagne, et que j'espère vous faire connaître bientôt, a déterminé, dans plusieurs Etats, notamment en Prusse, des lois sur la réunion des terres; lois, en vertu desquelles tout propriétaire de champs morcelés et enclavés dans un territoire où il a la plus forte part , a droit d'en demander la réunion devant une Commission qui, instituée à cet effet et une fois saisie de la demande , réunit les parcelles en autant de lots qu'il y a de parties.

Grâce aux connaissances agricoles , qui permettent de faire des appréciations conformes aux intérêts de tous , ces sortes d'opérations sont fréquemment sollicitées, et servent presque toujours de base aux améliorations agricoles , qu'elles rendent si faciles. Il suffit, comme je l'ai dit, que le demandeur possède la plus grande surface du territoire à réunir , soit que la demande soit formée par un grand propriétaire, ou par plusieurs paysans qui s'entendent à cet effet.

C'est le bon sens national , éclairé par le livre d'un cultivateur, qui a provoqué cette mesure, qui influe de la manière la plus heureuse sur la diminution des frais de culture. Que ne doit-on pas espérer de ces congrès qui lui fournissent de si puissants moyens pour se manifester? Qui pourrait arrêter le progrès agricole , et, par suite, le progrès social , dans un pays où ceux qui

ont le plus puissant intérêt à ce progrès , savent prendre une si large et si énergique initiative ?

Je sais que le sentiment du bien à opérer et de la
m nière dont il doit s'opérer, a dû pénétrer les masses
avant qu'il fût possible de marcher avec cet ensemble.
Et cependant, lorsqu'à l'issue des guerres, avant toute
amélioration, il s'est agi de chercher , dans le développement agricole , le remède aux maux qu'elles avaient
causés; lorsqu'il s'est agi, d'abord , pour des propriétaires ruinés et sans crédit , de trouver des capitaux, sans
lesquels toute amélioration est impossible , leur énergique volonté et la conception claire de l'importance
du but à atteindre, ont suffi pour leur faire trouver un
crédit aujourd'hui sans égal.

Un jour, tous les propriétaires d'un des districts de
la Poméranie mettent leurs domaines en commun ,
pour servir de garantie à des prêts qu'ils sollicitent ;
quiconque consentira à prêter , n'aura pas seulement
pour garantie le domaine de l'emprunteur , mais tous
les domaines du district. On ne lui demandera pas une
somme égale à la valeur du domaine , mais seulement
les deux tiers de cette valeur. Ce ne sera pas , pour le
prêteur , une obligation hypothécaire pour le rembour-
sement de laquelle il devra subir toutes les formalités
désespérantes de nos lois hypothécaires ; il recevra ,
comme titre , une lettre , non pas sur tel ou tel emprunteur , mais sur tel domaine et sur tous les domaines du district.

Quand viendra le moment de toucher ses intérêts, il

n'aura pas à recourir à un débiteur éloigné, mais à un comité de propriétaires organisé pour servir d'intermédiaire entre le prêteur et l'emprunteur. Là , sur coupons , son intérêt lui sera servi tous les six mois. Le possesseur des lettres hypothécaires n'aura jamais à faire à un débiteur, mais au comité dirigeant ; il est assuré contre toutes espèces de frais, de pertes de capitaux et d'intérêts , et , en général , dispensé de formalités quelconques. Jamais il ne sera compris dans un procès de faillite, dût le domaine sur lequel sa lettre est tirée, faillir. Tous les autres domaines du district sont là pour répondre, et ce sont leurs propriétaires eux-mêmes que le comité représente.

Tant de garanties , tant de facilités attachées à la possession des lettres hypothécaires , font que les capitalistes, qui les recherchent avec empressement, bornent leurs prétentions à un intérêt de quatre pour cent. Le comité reçoit la somme de leurs mains et prête au propriétaire emprunteur , au cinq pour cent, gardant la différence pour frais d'administration. On demande que ces titres hypothécaires , assurés par tant de garanties et n'obligeant leurs possesseurs à aucune espèce de frais, soient assimilés à l'argent, et que , devenant, pour ainsi dire , lettre de change , ils puissent être vendus sur la place : le gouvernement autorise avec empressement.

Ce système de crédit s'étend bientôt aux autres provinces de la Prusse , et, de là, pénètre dans la Bavière, le duché de Brunswick, le Holstein et le Mecklembourg ;

si le placement devient solide, s'il n'y a pas déprécia-
tion dans la valeur donnée par l'estimation au domaine
qui sert de garantie, voilà le pays dans une voie qui
doit aboutir à le doter d'une valeur numéraire bientôt
égale à la valeur des propriétés territoriales ; car, tandis que l'argent prêté au propriétaire est employé à la
culture qu'il améliore, la lettre tirée sur la propriété
circule comme argent, donnant la vie à l'industrie. La
richesse nationale va s'accroître de toutes les richesses,
que ce puissant levier, mis entre les mains de l'une et
de l'autre, leur aura fait obtenir.

Or, il est arrivé que par le fait, et des consciencieu-
ses estimations que rendaient faciles les connaissances
agricoles, et de l'accroissement de valeur donné par
les capitaux aux domaines servant de garantie, il n'y
a pas eu d'exemples que, même pendant les guerres,
un seul de ces domaines se soit revendu au dessous de
la valeur estimée. Si le propriétaire débiteur adminis-
tre assez mal, pour ne pas faire ressortir les intérêts
qu'il doit, on ne l'exproprie pas ; on donne, à sa place,
un autre administrateur à la propriété : et vous savez,
Messieurs, si l'Allemagne manque de ces administra-
teurs capables ; à moins de grands malheurs, l'administration nouvelle fait ressortir, indépendemment de ses
frais et de l'intérêt à servir, de quoi rendre au propriétaire, qui ne sera pas dépossédé.

De cet admirable ensemble d'administration, il résulte bientôt que les lettres hypothécaires sont si recherchées, que 100 de leur valeur est coté 110 sur la place

Elles sont si recherchées , que le prêteur n'exige plus
4 p. 0/0, mais seulement 5 ; et cet abaissement du taux
de l'intérêt permet au comité de ne demander que quatre à l'emprunteur. De la différence, dont il ne distrait
que ce qui est rigoureusement nécessaire pour l'administration, il crée un fond d'amortissement au moyen
duquel le débiteur , après avoir servi quatre pendant
quarante ans , sera , à l'expiration de ce terme , libéré
de l'obligation , non seulement de payer cet intérêt ,
mais même le capital.

Voilà donc le cultivateur emprunteur , qui a joui ,
pendant quarante ans , au prix de quatre pour cent ,
d'un capital dont son exploitation lui aura peut-être
payé dix, en possession, au bout de ce terme , du capital lui-même, à titre gratuit. Son exploitation de trois
cents hectares , qui marche avec un capital de 150,000
fr., plus, 100,000 fr. immobilisés dans le sol en bâtiment, établissement de prairie, desséchement, défrichement , etc. , voit ses frais de culture diminués de 10,000
francs.

Voilà que ces capitaux , qui , employés à substituer
à la culture épuisante la culture des fourragères , par
laquelle le sol, devenu plus riche, a pu, sans augmentation de frais , donner des produits doubles ; voilà ,
dis-je , que ces capitaux ont eu d'abord pour effet de
diminuer, de moitié, le prix de revient de ses produits ;
car les frais restant cent , les produits , originairement
de deux cents, étant montés à quatre cents, ce qui coûtait auparavant cinquante , ne coûterait plus que vingt-

12

cinq ; puis, indépendamment de cela et du jour où
l'exploitant, devenu propriétaire, à titre gratuit, du
capital de 250,000 fr. , n'aura plus à débiter la production de 10,000 fr. d'intérêt, les deux mille cinq
cents hectolitres de blé qu'il aura obtenus de cent hectares, c'est-à-dire du tiers de ses terres , seront encore
déchargés de 4 fr. par hectolitre ; ou bien, si l'on préfère
faire porter toute la réduction aux sept mille quintaux métriques de foin , ou l'équivalent en pailles ,
pommes de terre, trèfles , ou pâturages , produits par
les deux cents hectares restant, on trouvera que le prix
de revient de chaque quintal métrique sera diminué de
près de 1 fr. 50 c. , et cela, je le répète , sans compter
la diminution qu'aura déjà fait subir à l'ancienne production une culture plus riche d'engrais.

Or , messieurs , je vous le demande , comment un
peuple devient-il puissant et riche ; quand peut-il entreprendre des routes et des canaux , étendre les bien-
faits de l'instruction , avoir une marine imposante ,
mettre , au besoin , sur pied une puissante armée ;
quand peut-il répandre la vie dans tout le pays par des
fondations utiles? N'est-ce pas quand les caisses de l'E-
tat ont pu se remplir sans toucher au nécessaire des citoyens ? n'est-ce pas quand les impôts auront pu être
légèrement payés ? Or , quoi de plus propre à alléger
le poids des impôts, que la diminution dans les frais
de culture, dans un pays où l'immense majorité des
habitants vit, plus ou moins, des produits du sol.

Tandis que vous ne pourrez , sans exciter une souf-

france , demander 5 centimes par hectolitre vendu
20 fr., à qui aura dépensé 20 fr. pour le produire, vous
serez, au contraire , facilement payé d'une somme de
5 fr., quand l'hectolitre ne reviendra qu'à 10 fr. à ce
même cultivateur, qui le vendra toujours 20 fr.

C'est ainsi que le trésor public de la Prusse s'enrichit annuellement d'une somme de 1,200,000 francs
prélevés sur une production de pommes de terre, qui
laisse la même somme de bénéfice , net de tous frais ,
entre les mains de l'intelligent cultivateur des sables
de la marche de Brandebourg , autrefois si misérable
avec la culture triennale , aujourd'hui si aisé par la
culture des pâturages artificiels que les marnages ont
rendu possible.

C'est donc de la diminution dans les frais de culture
dont un pays agricole doit , avant tout , se préoccuper
quand la diminution dans les charges publiques est devenue impossible, et que cependant , il veut se mainte-
nir au niveau des autres pays qui progressent.|Vous ve-
nez de voir , messieurs , quels pas l'Allemagne a faits
dans cette voie ; vous comprenez à quels résultats doivent aboutir de pareils efforts. Pourrez-vous , sans effroi mesurer la distance qui nous séparera dans quelques
années, si , à mesure qu'elle enrichit ses terres , nous
épuisons les nôtres ; si, à mesure que ses capitaux affluent vers les champs, et que le taux de l'intérêt baisse
pour son industrie agricole, notre agriculture française
n'en peut obtenir qu'au prix d'intérêts exorbitants (1)?

_____

(1) Nous avons vu tout à l'heure les frais de culture de l'Allemand em-

Je vous le demande, messieurs, est-il possible que le
concours de tant de causes, tendant toutes à apporter

prunteur au 4 p. 0/0 de 250,000 fr., diminuer de 10,000 fr. au bout de 40 ans
par le fait de la jouissance gratuite de ce capital amorti; mais si nous venons
à comparer sa situation à celle de l'exploitant français emprunteur, en
France, de la même somme, nous trouverons un allégement relatif bien autrement élevé, et un allégement qui se manifeste, non pas seulement au
bout de quarante ans, mais au début de l'entreprise. En effet, l'agriculteur,
en Allemagne, où l'intérêt est à 3 p. 0/0, trouve à emprunter les capitaux
dont il a besoin, à raison de 4 p. 0/0 par an, avec cet avantage de voir sa
dette éteinte au bout de quarante ans. En France, où l'intérêt de l'argent em-
prunté par obligation revient, avec les frais, au moins à 6 p. 0/0, l'agriculteur qui voudrait emprunter pour 40 ans à des conditions d'amortissement
semblables, en supposant qu'il pût les trouver, sera obligé de payer 6,6 p. 0/0
chaque année, c'est-à-dire 66 fr. par 1,000, tandis que l'Allemand ne pai ra
que 40 fr. Supposons un emprunt de 200,000 fr. dans l'un et l'autre pays,
l'Allemand aura à payer annuellement 5,200 fr. de moins que le Français.
Supposons que cette somme, perdue pour ce dernier dans un service d'intérêts, soit employée par le premier dans ses opérations agricoles, qui lui
paieront un intérêt de 6 pour 0/0 (quand j'aurai pu vous donner des preuves
des bénéfices nets obtenus par l'agriculture allemande, vous ne m'accuserez
certes pas d'exagérer) ; supposons encore que cet intérêt obtenu soit, à la fin
de chaque année, capitalisé et placé dans la culture, qui continuera à en servir le même intérêt. Au bout de vingt ans, l'Allemand disposera d'une somme
de 232,761 fr. 66 c., et au bout de 40 ans, de 885,046 fr. 24 c., que le Français n'aura pas. Cette somme placée à 5 p. 0/0 par l'Allemand, mettra à sa
disposition annuellement celle de 25,690 fr., qui viendra en allégement de
ses frais de culture.

Et c'est en présence de pareils faits, c'est alors que le fourrage obtenu, à
si bon marché et en si grande abondance par nos voisins, ne leur coûtera
plus que la dixième partie du prix auquel il revient au cultivateur français,
que l'on prétendrait abaisser le droit d'entrée sur le bétail étranger.

N'est-il pas évident que si, dans les deux pays, dont l'un produira le fourrage
au prix de 75 c., et l'autre à 2 fr., nous supposons deux animaux ayant consommé chacun cinquante quintaux de fourrage, l'un reviendra au producteur
français à 100 fr., tandis que l'autre n'aura coûté que 57 fr ? N'est il pas
évident encore que si l'animal étranger ne doit supporter que 15 fr. de frais
de transport pour arriver sur nos marchés, il faudra que, par un droit à
l'entrée de 50 fr., il ne puisse pas être vendu au dessous de 100 fr.? Ce qui
ne rendra pas la position de l'Allemand pire que celle du Français: tous deux
retireront le prix que leur a coûté leur fourrage. Remplacez, au contraire,
le droit de 50 fr. par un droit de 25 fr.; ce qui fera baisser le prix sur le
marché de 25 fr., voilà le Français en perte de cette somme par tête de bétail produit, tandis que l'étranger reçoit le paiement intégral de son fourrage. Ne sera ce pas là; je le répète, donner d'un même coup une prime à la

une si grande différence entre le prix de revient des produits de l'agriculture française et ceux de l'agriculture étrangère, n'ait pas pour résultat de nous rendre complétement tributaires de cette dernière, qui, toujours, produira à meilleur marché que la nôtre ; et, quand nous serons arrivés là, comment ferons-nous pour que le cultivateur français ne soit pas ruiné par la concurrence des produits étrangers, qui, par leur bas prix, forceront la vente des siens au-dessous du prix qu'ils lui auront coûté ? Comment éviter la ruine des fabriques, quand celle de leur principal acheteur, le cultivateur français, sera consommée.

Le mal est grand, et vous savez comment le morcellement exagéré et l'épuisement du sol, qui en est la suite, viennent encore l'aggraver; mais est-ce une raison pour se prendre à désespérer de notre avenir? Non, sans doute. Par là même que cette prospérité allemande est l'œuvre des propriétaires allemands, et c'est ce que j'ai tâché de vous faire toucher du doigt, nous pouvons, nous aussi, être les instruments de la nôtre. S'il est vrai qu'ils sont arrivés si haut par l'application aux grandes terres de capitaux, d'intelligence et d'argent, ne désespérons pas d'atteindre le même but, puisque nous disposons des mêmes moyens. S'il fallait croire avec certaines personnes, que l'agriculture allemande doit sa supériorité à un climat plus favorable, à une meilleure qualité de terre, à une plus grande quantité de prairies,

culture fourragère étrangère (et, par suite, à ses cultures industrielles), et l'anéantir en France au moment où nous nous apercevons précisément qu'elle peut être notre dernière planche de salut?

à une main-l'œuvre moins chère, il faudrait désespérer, car il ne saurait dépendre de nous de changer notre
climat et la nature de notre sol ; il ne saurait dépendre
de nous de diminuer le prix de la main-d'œuvre ; mais,
messieurs, ces assertions inconsidérées n'ont rien de
vrai.

L'étude de plus de cinquante exploitations allemandes, de nature de sol très-différentes et soumises aux
climatures les plus diverses, nous fournira l'occasion
de reconnaître que, sous les deux premiers rapports,
la France n'a rien à envier à l'Allemagne. — Quant
aux prix de journées, si on a prétendu qu'ils étaient
beaucoup moins élevés que chez nous, c'est faute d'une
observation attentive. Je me suis convaincu, dans des
situations très-diverses, qu'à cet égard, il n'y avait aucune différence ; car, si le cultivateur allemand paie
1 fr. la même journée qui coûte au Français 1 fr. 50 c.,
le premier ne vend que 8 à 9 fr. l'hectolitre de seig'e
que le Français vend, le plus souvent, 12 à 15 fr., là
où les prix des journées coûtent 1. fr. 50 c. ; ce qui
rend le salaire égal dans les deux pays.

Si l'on a pu dire que le salaire payé par le cultivateur
allemand à ses ouvriers, était inférieur à celui que reçoivent, en France, les ouvriers employés aux travaux
de la terre, c'est qu'on n'a pas tenu compte d'une
foule d'avantages stipulés en faveur de l'ouvrier allemand, avantages qui, venant s'ajouter au salaire qui
lui est compté, soit en argent, soit en denrées, suffisent
pour l'augmenter de près d'un tiers.

Ainsi , comme nous le verrons lorsque nous abor
derons l'étude des principales exploitations du nord de
l'Allemagne , il est d'usage que chacune d'elles n'emploie, comme domestiques logés et nourris à la ferme,
que les valets qui travaillent avec les chevaux : tous les
autres ouvriers nécessaires à la culture, sans exception
des vachers, des bergers et des laboureurs avec bœufs ,
sont ordinairement marié et logés, avec leurs familles,
dans de petites maisons appartenant au propriétaire, et
distribuées autour de ses bâtiments d'exploitation.
Moyennant une rétribution de quelque journée de
femmes, le propriétaire , indépendamment du logement, leur abandonne l'usage d'une certaine étendue
de terre fumée pour jardin, culture de pommes de terre
et de lin , et , en outre, leur nourrit une ou deux vaches, été et hiver. A ces avantages, comptés ordinairement à un pris très-bas, viennent s'en joindre plusieurs
autres que l'on ne compte pas , mais que nous devons
nécessairement faire figurer dans nos calculs , si nous
voulons connaître le prix réel du travail dans un pays.

J'emprunte à mon compte-rendu de l'exploitation de
M. de Thünen une note sur le prix du travail dans sa
propriété de Tellow.

Le salaire en argent et en denrées est, par jour :

pour les hommes. . . 8 schellings (0 fr. 76 c.)
pour les femmes. . . 4 (0 fr. 38 c.)

Voici l'énumération des avantages qui , accordés ,
en outre , aux ouvriers , portent ces prix de journées

à . . . . . . . . . . . 11 sch. 5/10 (1 fr. 07 c.)

pour les hommes.

à . . . . . . . . . . . 7 sch. 5/10 (0 fr. 69 c.)

pour les femmes.

| | Thal. n. 2/3 | Schellings. | Francs. | Centimes. |
|---|---|---|---|---|
| 1° Logement des ouvriers. — Les frais de construction d'une maison servant de logement à 4 familles, s'élèvent à peu près à 750 thalers 2/3 (3,455 fr.; ce qui fait par famille 187 1/2 thalers n. 2/3 (858 fr. 75 c.), dont l'intérêt annuel est de. | 7 | 24 | 34 | 55 |
| Usure et entretien d'un logement par an......... | 2 | » | 9 | 16 |
| Assurances.................................... | » | 12 | 1 | 14 |
| 2° Intérêt de 50 verges carrées (5 ares 55 centiares) de jardin fumé à 4 1/2 schellings par verge carrée (0 fr. 42 c. par are).................. | 2 | 39 | 12 | 86 |
| 3° Intérêt de 56 verges carrées (10 ares 51 centiares) pour pommes de terre, lins, fumés, à raison de 576 quintaux par hectare, et produisant aussi par hectare 500 quintaux de pommes de terre à 3 1/2 sch. par verge carrée (0 fr. 33 c. par are).................................... | 4 | 4 | 18 | 70 |
| 4° Bois, 3 voitures............................. | 5 | » | 22 | 90 |
| Transport du bois.............................. | » | 24 | 2 | 29 |
| 5° Tourbe, 14,000............................. | 2 | 24 | 11 | 45 |
| Transport de la tourbe.......................... | » | 50 | 2 | 83 |
| 6° Pâturage et fourrage pour une vache nourrie, par jour, à raison de 18 livres rostock (8 kil. 71 c.) de foin, ou son équivalent en herbe verte et paille, et donnant annuellement à l'ouvrier 1,600 litres de lait et le veau................... | 6 | 38 | 31 | 09 |
| 7° Pâturage pour porcs et oies.................. | 1 | » | 4 | 58 |
| 8° 5 scheffels rostock (1 hectolitre 94 litres ; divers grains pour engrais à 42 schellings le scheffel (5 fr. 99 c.).......................... | 4 | 18 | 20 | 03 |
| 9° Frais divers de voiturage à l'occasion de baptêmes, mariages........................... | » | 56 | 3 | 42 |
| 10° Au médecin et pharmacie par famille........ | 2 | 24 | 11 | 45 |
| Total des frais accessoires par famille........... | 40 | 33 | 186 | 55 |
| *De laquelle somme il faut déduire :* | | | | |
| 1° 104 journées de femmes fournies par chaque famille, à 4 schellings (0 fr. 58 c.)............. | 8 | 52 | 39 | 68 |
| 2° Oies grasses............................... | 1 | » | 4 | 58 |
| 3° Filage de 8 livres de lin.................... | » | 24 | 2 | 29 |
| A retrancher de 40 thalers 33 schellings (186 fr. 55 c.)............... | 10 | 8 | 46 | 55 |
| Reste..... | 30 | 25 | 139 | 77 |

Prix auquel revient le travail d'une famille d'ouvriers, indépendamment du salaire en argent et en blé.

Cette somme, divisée par le nombre de jours, de travail, donnera le prix réel d'une journée.

L'homme travaille annuellement,

| | |
|---|---|
| terme moyen. . . . . . . . . . . | 276 jours. |
| La femme . . . . . . . . . . . | 168 |
| Ensemble. . . . . . . . . . . . | 444 |

50 thal. 55 schl. (159 fr. 77 c.) répartis sur 144 jours donnent, pour un jour, 5 5/10 schel. (0 fr. 41 c.)

La journée ordinaire de travail d'un homme coûte, donc 8+5 5/10 schel. (1 fr. 07 c.) = 11 5/10 schel. (1 f. 07 c.)

La journée ordinaire de travail d'une femme coûte 4×3 5/10 sch. (0 fr. 69 c.) = 7 5/10 sch. (0 fr. 69 c.)

Si à tous ces avantages, qui, bien que concédés à des prix si bas, viennent, néanmoins, augmenter le salaire apparent des ouvriers de Tel'ow de près d'un tiers, on ajoute le libre usage, pour leurs enfants, d'une école qui coûte annuellement 193 fr. à M. de Thünen, et, en outre, celui d'être remboursé par le propriétaire du tiers de la valeur de leur vache, quand elle vient à périr; si l'on évalue ce que peut coûter l'assistance donnée aux veuves d'ouvriers, aux vieillards et aux infirmes, on reconnaîtra combien j'ai dit vrai en assurant que l'ouvrier attaché à la culture, n'était pas moins rénuméré en Allemagne qu'en France, et que les charges de la culture allemande étaient, sous ce rapport, aussi élevées que les nôtre ; car, je le répète, 1 fr. à payer, pour le cultivateur qui vend son grain 8 fr. l'hectolitre, constitue pour lui une dépense aussi forte que celle de 1 fr. 50 c. pour le cultivateur qui le vend 12, et l'hectolitre de grains, d'une valeur de 8 fr., que l'ouvrier allemand reçoit, après huit jours de travail, pour se nourrir lui et sa famille, ne lui laisse rien à envier à l'ouvrier français, qui, pour salaire d'un même nombre de journées, reçoit un hectolitre du même grain valant au marché 12 fr. ; que si l'un et l'autre n'ont besoin, pour se nourrir, que de la moitié de ce grain, et qu'ils vendent l'autre moitié pour acheter des vêtements, l'ouvrier français n'aura pas, pour ses 6 fr. un drap de meilleure qualité que l'Allemand pour 4 fr.; car le Français, qui doit compter des prix de journées d'un tiers plus élevés qu'en Allemagne à des ouvriers obligés, pour se nourr r, de payer le blé 12 fr., devra aussi vendre son drap un tiers de plus qu'en Allemagne, où l'ouvrier de fabrique, auquel le blé ne coûte que 8 fr., se contente d'un salaire d'un tiers moins fort, sans avoir moins d'aisance que le Français.

S'il est vrai, ainsi que je me suis efforcé de le prouver, que le cultivateur allemand ne se trouve pas dans une situation plus favorable que le cultivateur français sous le rapport des prix de journées à payer, je dois dire que la manière dont le premier solde ces prix constitue une différence qui est tout à son avantage. Tant de prévoyance apportée par l'Allemand dans la distribution à ses ouvriers du salaire qui leur est dû, a eu, pour résultat nécessaire, de lui faire obtenir une somme de travail plus forte que nous ne saurions l'avoir en France pour le même prix distribué tout différemment.

En effet, là où le propriétaire s'est décidé à marier et loger son ouvrier, à l'occuper, toute l'année, lui et sa famille, à élever ses enfants, pensionner sa veuve et son vieux père, fumer son champ et nourrir sa vache, il n'est pas à craindre qu'il en soit jamais abandonné ; une prévoyance qui va ainsi au-devant de tous les besoins de l'ouvrier, inspire à celui-ci une telle sécurité pour l'avenir, qu'il lui arrive très-rarement de songer à quitter l'exploitation où il s'est d'abord établi.

Tous les travaux qu'elle nécessite lui deviennent familiers, et, soit par cette raison, soit par cette autre, que chaque ouvrier *est attaché à un genre de travail particulier*, ce qui se pratique communément dans l'industrie manufacturière, et qui n'est possible que dans la grande culture, il finit par acquérir une telle habileté, que j'ai pu constater dans plusieurs exploitations bien dirigées, et particulièrement à Moëglin et à Tellow, que le travail qui, dans une moyenne de plusieurs années, demandait trois journées d'hommes dans nos fermes françaises conduites avec des domestiques garçons et gagés à l'année, s'accomplissait avec deux journées en Allemagne.

La vérité de cette assertion ressortira, je l'espère, de l'exposition que j'aurai à faire de l'économie des exploitations de l'Allemagne du Nord. On verra si les preuves dont je la fortifierai sont de nature à permettre le doute.

Il n'est, certes, pas en notre pouvoir, non plus qu'en celui des cultivateurs allemands, de diminuer le prix des journées que nous sommes obligés de payer aux ouvriers que nous employons à nos cultures. Mais oserait-on dire que nous ne pouvons pas, comme nos voisins, chercher et trouver telle combinaison qui nous fasse obtenir tout le travail que ces salaires peuvent produire? Serait-elle donc indigne de nous la recherche de ce problème intéressant : *Obtenir tout à la fois la plus grande somme de travail pour le service de l'intérêt des capitaux, et la plus grande somme de bonheur et d'aisance pour les travailleurs ?*

Qui oserait dire qu'il n'est pas au pouvoir du propriétaire français possesseur d'une grande terre appauvrie et dépeuplée, entre les mains duquel une industrie longtemps profitable a placé des capitaux, qui a pu se convaincre par ses propres yeux des souffrances qu'occasionnent parfois, parmi les ouvriers agglomérés dans les grandes villes, l'exagération de la production manufacturière et la fluctuation des salaires qui en est la suite ; qui oserait dire qu'il n'est pas en son pouvoir d'essayer, sur le domaine qui ne lui rend rien, un mode de culture et d'administration agricoles où le capital, consacré à rendre les ouvriers meilleurs et plus heureux, sera souvent celui qui fait obtenir l'intérêt le plus élevé?

Il est donc bien évident que la culture allemande
ne doit pas sa prospérité à des circonstances exception-
nelles qu'il ne nous est pas permis de créer chez
nous ; car, s'il m'a été facile de prouver que ses prix
de journées étaient, relativement, aussi élevés que les
nôtres, il me sera bien plus facile encore de démontrer que la France n'a rien à envier à son climat et à
son sol. Cette preuve, ainsi que je l'ai dit, ressortira
évidente et sans contradiction possible de l'étude consciencieuse et scrutatrice qui nous reste à faire d'un
grand nombre d'exploitations allemandes.

Croyez-moi donc, Messieurs, l'incessant progrès
de l'agriculture allemande vers un mieux certain est
dû tout entier à la saine raison, qui a fait découvrir
la seule bonne voie à suivre. Il est dû à l'excellent
esprit qui a su se créer, par de sages institutions, du
crédit et des aides ; il est dû à une merveilleuse combinaison de sages efforts pour atteindre les limites du
possible dans la diminution des frais de culture. En
un mot, tous les admirables résultats de la grande
culture allemande sont expliqués, pour moi, par cela
seul qu'en Allemagne toute intelligence et tout capital vont à l'agriculture, contrairement à ce qui se
passe en France, où quiconque est intelligent et riche,
s'en éloigne.

Croyez, Messieurs, que, quand nous aurons fait
volte-face sur cette voie, qui nous mènerait à une détresse nationale, quelque éloignés que nous nous trou-

vions des Allemands, qui ont sur nous une avance de
30 ans, nous ne tarderons pas à les apercevoir.

L'Allemagne du Nord a un écueil à redouter, c'est
celui du développement exagéré de la grande culture,
qui la conduirait à avoir absolument besoin des acheteurs étrangers pour des produits excédant de beaucoup les besoins de ses populations clair-semées. Ainsi,
le prix des blés du Mecklembourg varie dans des proportions énormes, suivant l'importance des demandes
de l'Angleterre.

En France, nous avons assez de grandes terres,
assez de capitaux, pour créer une grande culture
dont les produits viendront, au profit de tous, com-
bler une lacune effrayante dans la production nationale. Mais notre grand avantage, c'est que ce fait
important peut s'accomplir sans que jamais il vienne
dans l'idée de personne qu'il soit possible d'empiéter
sur la petite propriété, aussi nécessaire à la grande
culture pour consommer ses produits que pour lui
fournir des bras. Or, je l'ai dit, et je crois l'avoir
prouvé, s'il fallait absolument se prononcer dans la
grave question de la petite et de la grande propriété,
je dirais que le bien est dans le maintien d'un juste
équilibre entre l'une et l'autre.

A vous donc, grands exploitants, propriétaires ou
fermiers, à votre intelligence, à rétablir cet équilibre,
mais pas à d'autres qu'à vous. Croyez que l'amélioration souhaitée ne sera obtenue que quand nous aurons
cessé de dire : Quel bien pourrait faire mon voisin ?

quel bien pourrait faire le gouvernement? Nous savons où est ce bien : faisons-le nous-mêmes; car le temps presse.

A vous, hommes instruits, à aborder l'agriculture, maintenant qu'élevée au rang des sciences exactes, elle a de quoi tenter de nobles ambitions. Partout un bruit s'élève dans la société, qu'il y a quelque chose à faire pour l'amélioration des classes pauvres. A vous donc, de leur fournir dans les champs l'occasion d'un travail fructueux et moralisateur.

C'est au milieu des travaux de la campagne que vous les trouverez profitant et reconnaissants du bien que vous serez heureux de leur faire, et que ce bien pourra porter sa récompense par l'aisance et la moralité qu'il fera naître autour de vons. Jamais je n'ai ouï dire à la campagne ce que j'ai entendu dans les atelies de charité de vos grandes villes : *Ils nous font vivre parce qu'ils ont intérêt à garder leurs esclaves.* De tels propos dans un pays libre où l'intelligence et le travail peuvent prétendre à tout, où celui qui se repose maintenant a longtemps travaillé, à la sueur de son front; de tels propos ne peuvent s'entendre que là où il y a agglomération tenue envieuse et inquiète par les séductions et souvent les besoins de tout genre que font naître les grandes villes.

Ouvrez vos champs, Messieurs; là, l'ouvrier n'aura à la fin de sa journée, pour conseils, qu'une femme et des enfants qui, heureux d'un salaire modéré, mais uniformément payé, ne chercheront à lui persuader qu'une chose , savoir : qu'il ne doit pas perdre ses journées en allant à la ville , ce qui le mettrait hors d'état d'acheter le terrain qu'il a en vue. De tels avis , soyez-en sûrs, vous sauveront de tels propos, qui refouleraient jusqu'à l'idée de la bienfaisance.

# DISCOURS [1],

PRONONCÉ

## AU CONGRÈS AGRICOLE DE POTSDAM,

POUR Y EXPOSER

LES MOTIFS DES QUESTIONS PROPOSÉES.

————◦○◦————

MESSIÉURS,

La France agricole du centre et d'une partie du midi souffre d'un mal dont je suis venu chercher le remède auprès des agriculteurs de l'Allemagne.

Tandis qu'en France la petite propriété, riche de ses bras nombreux, et d'une connaissance parfaite du terrain qu'elle cultive, est parvenue à en obtenir la production la plus élevée, la grande propriété, déjà réduite à de si faibles proportions par nos commotions politiques, menace de disparaître entièrement par l'incurie profonde de ceux entre les mains desquels elle est placée.

Et cependant, dans un intérêt bien entendu de haute civilisation, dans l'intérêt de l'industrie manufacturière, qui a besoin de matières premières abondantes

(1) Extrait du *Compte-Rendu du congrès agricole de Potsdam* :
Amtlicher Bericht über die Versammlung deutscher Land-und Forstwirthe zu Po'sdam im September 1859. — Berlin, 1840.

13

et à bon marché, dans l'intérêt encore de la subsistance des grands centres de population, les bons esprits doivent désirer la consolidation des faibles débris qui restent encore des grandes possessions. En effet, si le morcellement des grands domaines continue dans les mêmes proportions; si, défrichant ses prés, pour en obtenir du lin et des céréales; si, anéantissant ses troupeaux, dont l'entretien demande de vastes espaces, la France continue de se fractionner en parcelles si minimes, que le propriétaire du sol soit nécessairement obligé de le cultiver de ses propres mains, parce qu'une terre de faible étendue ne saurait supporter les frais de culture par des bras étrangers, que deviendront les arts et les sciences dont la culture demande des loisirs? Comment ne pas craindre pour la subsistance des villes et pour l'alimentation des fabriques, lorsque les productions de la terre seront entièrement absorbées par les producteurs, trop nombreux pour avoir un excédant à porter au marché! Où s'arrêteront les prix, déjà si élevés, de la viande, des bêtes de trait, et, en général, de tous les produits qui s'obtiennent par la consommation des fourrages, si l'on n'aperçoit plus dans chaque petite ferme que le champ de trèfle rigoureusement nécessaire pour l'entretien du cheval de labour et de la vache qui nourrit la famille; si toutes les terres sont tellement fractionnées, qu'il soit impossible de se livrer à l'élévation et à l'engraissement économiques du bétail au moyen de rotations productives de fourrages? Tout ami sincère

et non abusé de son pays doit donc désirer que la grande
propriété se maintienne à côté de la petite, qu'elle
marche son égale, en lui abandonnant la production
des plantes qui demandent une main-d'œuvre abondante, et retenant à elle celle des produits qui récla-
ment de vastes espaces.

En appelant à son aide les ressources de la science
économique, le grand propriétaire pourra créer ces
produits avec une faible dépense, sans cependant être
absorbé par les soins de la culture; au moyen de rotations simples et larges, qui distribuent le travail de
la manière la plus avantageuse, et le ramènent, chaque année, aux mêmes époques avec une constante
régularité, il pourra confier à des hommes spéciaux
la machine agricole organisée, évitant de vouloir tout
faire et tout ordonner, de peur de la voir cesser de
fonctionner au moment où il cesserait d'ordonner et
de faire, mais se reposant, au contraire, sur des
agents choisis, du soin d'en hâter ou d'en retarder les
mouvements à propos, par l'application des forces in-
telligentes.

Pendant qu'un capital suffisant donnera la vie à
l'entreprise agricole, et qu'une bonne comptabilité,
à parties doubles, en garantira l'emploi le plus profitable, le grand propriétaire pourra se livrer, soit aux
études scientifiques, soit aux soins d'administration
que réclame son pays; le haut prix des produits obtenus, tout en lui assurant l'intérêt suffisant de ses capitaux, aura créé pour l'administrateur de son choix

une industrie fructueuse autant qu'honorable, et sera pour les ouvriers employés la source de salaires modérés, mais constants, qui ne seront point exposés à ces perturbations violentes qui, de nos jours, ont produit de si funestes résultats. Qui ne sait, en effet, que, dans l'industrie manufacturière, l'ouvrier qui, par son habileté, a acquis une certaine position, a sans cesse à craindre de s'en voir dépossédé par une machine plus habile encore; tandis que, dans la culture des champs, qui repose principalement sur le travail des bras, et qui, à côté de la force physique, demande l'exercice constant de l'intelligence, l'ouvrier a rarement à craindre qu'une machine vienne lui enlever le salaire qui nourrit sa famille?

Maintenant, que l'on veuille bien faire attention à ceci : 1° que les bras employés par la grande culture sont précisément ceux qui restent oisifs parmi les petits cultivateurs, soit à cause du peu d'étendue de leurs terres, soit à cause de l'accroissement de la famille; 2° que les produits animaux créés par la grande culture sont ceux que ne peut obtenir la petite propriété, pour laquelle cependant ils sont une nécessité, soit pour l'aider dans ses travaux, soit pour lui fournir un aliment solide, auquel son aisance lui permet de prétendre. Il sera donc vrai de dire qu'il est d'une bonne économie politique de souhaiter le maintien et le raffermissement de la grande propriété à côté de la petite.

J'ai dit qu'en France, dans le centre et dans une

partie du midi , l'incurie des grands propriétaires aurait pour résultat de faire disparaître la grande propriété, et vous penserez que j'ai eu raison quand vous
saurez qu'adonnés , soit à l'industrie, soit à la poursuite des charges publiques , refusant à la culture de
leurs terres les capitaux qu'ils ne craignent pas d'a-
venturer dans les entreprises industrielles , ils ne font
rien pour sortir de l'ancien système de culture céréale,
avec jachère tous les deux ou trois ans. Est-il besoin
d'ajouter que le blé, seule production d'un sol épuisé,
ayant à supporter, dans ce mode de culture , un loyer
et des charges toujours plus élevés, coûte aux producteurs beaucoup plus qu'ils ne le vendent, et que, privés d'un produit net, ils en sont réduits à la triste nécessité du métayage , qui consiste dans le partage du
produit brut; et, dans cet état, y a-t-il lieu de s'éton-
ner si , sollicités de vendre par la petite propriété ,
toujours affamée de terres , ils cèdent aisément à la
tentation de doubler par ce moyen leurs revenus ,
obéissant ainsi fatalement à la loi qui veut que la terre
se range toujours entre les mains de celui qui la cultive le mieux?

Et cependant , si les grands propriétaires s'étaient
proposés , dans leurs cultures, la création des produits
animaux, toujours plus recherchés , et les seuls pour
lesquels ils n'aient pas à craindre la redoutable concurrence de la petite propriété; si , pour créer ces
produits à bon marché , ils s'étaient aidés de toutes les
ressources qu'offre la science de l'économie agricole ,

ils auraient obtenu un produit net élevé qui les eût conduits à préférer les capitaux fonciers, qui, chaque jour, s'améliorent, aux capitaux mobiliers, toujours plus ou moins soumis aux chances du hasard.

Mais, pour pratiquer cette science si féconde de l'économie rurale, il faut la connaître, et, à mon avis, pour la connaître bien et promptement, il faut venir l'étudier dans le pays où elle a pris son plus large développement, dans l'Allemagne, où des lois bienfaisantes, nées de l'extension de la science économique, réagissent, à leur tour, de la manière la plus heureuse, sur l'économie agricole elle-même ; dans ce pays où l'on rencontre, à chaque pas, l'étonnant résultat de sables légers donnant un produit net aussi élevé que celui obtenu ailleurs des bonnes terres.

Voilà pourquoi j'ai tant souhaité de voir l'Allemagne; voilà pourquoi, après avoir étudié, autant qu'il était en mon pouvoir, le secret de ces rotations si sagement ménagères de la richesse du sol, tous ces détails d'habile et prudente administration ; enhardi par le bienveillant accueil que je rencontrai partout, j'ai souhaité plus encore, et me suis laissé aller à espérer que les agriculteurs que je n'avais pas eu le bonheur de voir, et que je rencontre ici en si grand nombre, ne refuseraient pas de satisfaire à des demandes qui ont pour but l'avancement de la science à laquelle ils ont voué leur vie : c'est là le but des questions que j'ai pris la liberté de vous soumettre. Je consacrerai une partie de l'année prochaine à solliciter la réponse aux mêmes

questions des grands propriétaires de la Belgique et du
nord de la France , persuadé qu'il ressortira de leur
ensemble la connaissance de faits de statistique agricole
de la plus haute importance.

Veuillez considérer que la science de l'économie rurale est née, en Angleterre, le jour où les réponses des
fermiers de la Grande-Bretagne , sollicitées par le bureau d'agriculture , ont été réunies en un recueil que
chacun a pu consulter ; et, en Allemagne, l'inflexible
assolement triennal n'a-t-il pas reçu le plus rude coup,
le jour où l'immortel Thaër vous fit connaître les admirables progrès de l'agriculture britannique ? Pourquoi n'en serait-il pas de même de ces communications
que j'attends de vous, et que je porterai, de votre part,
à mes compatriotes , les leur traduisant avec ces im-
pressions vives que j'ai reçues sur les lieux ? Pourquoi,
en apprenant que l'application des grands propriétaires de l'Allemagne à l'exploitation de leurs terres a eu
pour résultat une telle richesse territoriale , que les
plaies d'une guerre à jamais déplorable ont été fer-
mées ; pourquoi, quand je viendrai à leur parler de
loisirs noblement consacrés aux sciences, de positions
honorables et élevées au milieu de belles campagnes
fécondées, pourquoi ne seraient-ils pas pris, eux aussi,
du désir d'essayer d'une industrie dont le développement aura pour résultat de répandre un travail fructueux dans les champs, de faire cesser les émigrations
vers les villes industrielles, et d'arrêter les progrès
de cette hideuse plaie du paupérisme , qui ronge nos

sociétés modernes? Pourquoi ne viendraient-ils pas résider dans leurs domaines, et là, s'initier aux secrets de
la science économique ?

Je vois déjà le moment où, abordant sans effroi une
grande administration agricole, les grands propriétaires de la France souhaiteront d'avoir auprès d'eux des
élèves des écoles d'agriculture, non plus, comme autrefois, pour rejeter sur un jeune homme inexpérimenté tout le fardeau d'une révolution agricole dont
ils hâtaient les progrès par correspondance, mais pour
préparer en eux, par des communications fréquentes,
par une initiation de tous les jours, des aides actifs qui
les secondent.

Qui ne voit que, de cette association du propriétaire
éclairé qui consacre des capitaux à une entreprise qu'il
a mûri avec prudence, et de l'administrateur ou in-
specteur qui fait exécuter avec intelligence, naîtront
sur toute la surface du territoire ces excellentes écoles
d'agriculture pratique que chaque exploitation, en Allemagne, offre à cette foule de « Verwalter » de tous
rangs? Et ainsi, mon pays serait doté de cet ensemble
d'institutions agricoles qui font la gloire et la fortune
de l'Allemagne; et ainsi, seraient resserrés les liens de
l'amitié entre deux peuples faits pour s'estimer et se
compléter l'un par l'autre.

# TRADUCTION

DE LA

## BROCHURE PUBLIÉE, EN ALLEMAGNE,

sous le titre de

### QUESTIONS AUX AGRICULTEURS DE L'ALLEMAGNE;

PAR M. CÉSAIRE NIVIÈRE.

———

Celui qui a l'honneur d'adresser les questions suivantes à MM. les agriculteurs de l'Allemagne, voyage,
depuis quelque temps, dans ce pays ; il est déjà heureux de pouvoir témoigner sa vive reconnaissance pour
l'accueil bienveillant qui lui a été fait, et l'empressement que des agronomes distingués ont mis à satisfaire à ses demandes. Une pratique heureuse de quinze
ans dans une exploitation, un cours d'agriculture professé à Lyon, et la publication d'un écrit dont le but
principal a été d'appeler toute l'attention des Français
sur les travaux des agriculteurs allemands, lui ont valu,
de la part de son gouvernement, l'honorable mission
d'aller visiter ses frères en agriculture, que, depuis
longtemps, il désirait vivement connaître. La réunion
de Potsdam, qui bientôt aura son analogue en France,
sert ses souhaits au-delà de ses espérances ; il n'é-
prouve qu'un regret, c'est que la tâche qu'il a entre-

prise de diriger une grande école d'agriculture pratique, près de Lyon, le force à quitter trop promptement
des hommes dont l'expérience et les lumières lui eussent été longtemps nécessaires.

Plus son séjour sera court, plus il doit désirer de
l'utiliser, et cela de manière à commencer l'œuvre à laquelle il voudrait vouer toute sa vie : celle de relier ensemble, par des travaux et des recherches entrepris dans
un but commun, l'Allemagne et la France agricoles,
deux sœurs qui n'ont besoin que de se connaître pour
s'aimer. Dans ce but, il a formulé les questions suivantes, les mêmes qui sont maintenant entre les mains de
beaucoup d'agriculteurs français, dont il va recueillir les réponses, à son retour, depuis la frontière belge
jusqu'à Lyon ; tout l'hiver devant être consacré à ce
travail.

La réponse à ces questions doit amener, non-seulement
la connaissance des rotations établies dans des exploitations diverses par le sol et les circonstances de localité;
elle doit non-seulement faire connaître approximativement les divers produits qu'elles donnent et les dépenses
de culture qu'elles nécessitent, mais encore, et principalement, les raisons qui ont motivé ces rotations. C'est là,
du moins le but qu'on s'est proposé en les adressant
aux agriculteurs de l'Allemagne, pays où l'on trouve,
à l'état le plus avancé, la science agricole née de la
constatation exacte et intelligente des faits. Aussi,
s'est-on flatté de l'espoir que si, pour arriver au résultat désiré, ces questions étaient incomplètes ou inexac-

tes, les hommes instruits auxquels elles s'adressent, voudraient bien les compléter et les rectifier.

Ces questions résolues sont destinées à être réunies dans un recueil qui comprendra aussi le même travail sur les principales exploitations du nord et du midi de la France.

L'auteur prend ici l'engagement d'honneur d'adresser un exemplaire de ce recueil à quiconque voudra bien lui faire remettre, à son adresse (*M. Nivière, chez MM. Brockhaus et Avenarius, à Leipsik*), deux de ces feuilles de questions répondues avec quelques détails et signées par deux exploitants différents. La remise des exemplaires imprimés sera faite gratuitement par M. Nivière à la maison de librairie Brockhaus, à Paris.

Comme indication de la manière dont il désirerait que ces questions fussent répondues, l'auteur à inséré, à leur suite, réunis dans le cadre proposé, les renseignements qu'un agriculteur distingué du nord de l'Allemagne, M. de Wulfen, a bien voulu lui donner sur son exploitation.

*Nota.* On est prié d'entrer dans le plus de détails possibles sur l'administration et sur tout ce qui concerne la production des fourrages et les différentes manières de le faire consommer avantageusement : sur ce sujet, les pays de grande culture de la France ont tout à apprendre de l'Allemagne. C'est cette infériorité qui est le principal prétexte des droits d'entrée sur le bétail étranger.

*Questions sur l'exploitation de M.*

    *située à*

1° Quelle est l'étendue de la propriété en terres arables, prairies sèches, prairies arrosées, pâturages en dehors des rotations, houblonnières, vignes?

2° Quelle est la nature du sol?

3° Du sous-sol?

4° Quelles sont les diverses rotations établies?

5° Quelle est la manière usitée pour établir et rompre les herbages pérennes des diverses rotations?

6° Quelle est la quantité de labours, de chars de fumier et de semences employés pour les diverses plantes cultivées? — Quel produit donnent ces plantes et fourrages? — Quelle est la quantité de ces produits vendus annuellement, et leur prix? — Quelles sont les époques des semailles, moissons, de la première coupe des foins naturels et artificiels, et des premiers pâturages?

7° Quelles sont les différentes espèces d'animaux nourris et employés? — Quel est leur nombre, leur race, leur valeur?

8° Quel est le produit des animaux?

9° De quelle manière les nourrit-on?

10° Fait-on usage de litière autre que la paille fournie par les rotations, et dans quelle proportion?

*Questions devant servir de complément à celles qui précèdent.*

11° Quelle est l'espèce de charrue employée?

12º A quelles différentes profondeurs laboure-t-on ?

13° Quel est le nombre de bêtes attelées ordinairement à la charrue?

14° Combien de personnes à une charrue?

15° Quelle est l'étendue moyenne labourée en un jour ?

16º A quelle époque du printemps peut-on commencer à labourer ?

17° Quand est-on forcé d'interrompre les labours d'automne?

18º Les récoltes de printemps se trouvent-elles bien des labours faits en automne?

19° De quels instruments , indépendamment de la charrue, se sert-on pour cultiver la terre ?

20° Combien d'animaux attèle-t-on ordinairement à un char ?

21° Quel est le poids ordinaire d'un char de fumier, marne, fourrage sec?

22° Quel est le nombre d'heure de travail dans les jours longs et courts ?

23° Quel est le nombre de jours de travail effectif pour les animaux, pour les gens?

24° Quelle est la distance moyenne des terres aux cours?

25° Y a-t-il attachée à l'exploitation , ou dans le voisinage , quelque fabrique qui transforme les produits de cette exploitation ?

26º Sait-on combien ces fabriques paient ces produits?

27° Quel est le nombre et la distance moyenne des principaux marchés pour le bétail, le grain, le beurre , etc.

28° Quels sont les prix moyens, dans la contrée, des différents produits résultant de l'exploitation ?

*Questions dont la solution doit amener à faire connaître approximativement les charges de culture.*

29' Quel est le prix moyen des terres de même nature que celle du domaine examiné, quand on les achète réunies en corps de domaine ?

50° Quel est le nombre des individus à gage employés, et quel est le chiffre du gage payé?

51° Quel est le nombre des ouvriers , hommes et femmes , employés ordinairement , et quel est le prix de leurs journées sans nourriture , le prix , quand on les nourrit?

52° Achète-t-on des engrais ou amendements , et pour quelle somme?

53° Quelle est la valeur approximative des bâtiments d'exploitation, et quelle peut être leur durée présumée?

54° Quelle somme paie-t-on annuellement pour leur entretien ?

55° Quelle est la valeur approximative du mobilier d'exploitation?

56° Combien coûte par an son entretien ?

57° Quel est le chiffre de l'impôt foncier pour l'État, pour la commune, pour l'entretien des chemins et des digues?

58° Quelle somme paie-t-on pour assurances diverses?

59° La propriété est-elle exempte de la dîme, ou non? — De combien cette dîme réduit-elle le produit net?

40° Jouit-on de la dîme, et, dans ce cas, quelle quantité de paille cette dîme apporte-t-elle dans l'exploitation?

41° Est-on obligé à des corvées, et, dans ce cas, combien doit-on de journées d'hommes et d'animaux?

42° A-t-on droit à des corvées, et, dans ce cas, de combien de journées d'hommes et d'animaux dispose l'exploitation?

*Domaine de M. de Wulfen* (1), *situé à Pitzpuh, entre Burg et Magdeburg* (Marche de Brandebourg).

1° *Étendue de la propriété.* — 1,150 hectares, dont 516 à 559 hectares, trop sablonneux pour être cultivés avec avantage, sont plantés ou destinés à être plantés en pins; 46 hectares sont en prairies sèches; 26 hectares en pâturages de marais desséchés, et 750 hectares sont cultivés par rotations différentes, suivant qu'ils sont, ou non, propres à la luzerne et aux pommes de terre, et suivant aussi qu'ils sont plus ou moins éloignés des bâtiments d'exploitation.

2° *Nature du sol.* — Sable presque pur, sujet à être enlevé par le vent. Par cette cause, il permet des labours multipliés et en billons. La jachère ne doit y être labourée que deux fois. Le seigle, seule céréale d'hiver que

_____

(1) Les mesures et monnaies de Prusse mentionnées dans la brochure publiée en Allemagne, sont converties en mesures et monnaies françaises.

puisse produire ce sable, ne doit être semé que quelques semaines après le labour de semaille, quand la terre est un peu reprise. Un simple hersage suffit pour couvrir la semence. Les meilleures parties de ces sables sont sujettes à être modifiées avantageusement par de la marne argileuse, qui rend la culture de la luzerne possible, mais non celle du trèfle, qui manque de l'humidité suffisante. Le lupin croît et prospère même dans les plus mauvais sables; son enfouissement en vert y est bien plus avantageux comme fumure, que l'application du fumier d'étable. La seule plante que l'on puisse obtenir pour le pâturage des moutons, est la *festuca ovina*. Les parties de sable qui se refusent à la produire avec avantage sont semées en pins.

5° *Nature du sous-sol.* — Très-variée ; sable quartzeux, marne et argile. Ce sous-sol qui, dans certaines parties, n'est séparé de la couche arable que de quelques pouces, et dans certaines autres, d'une grande épaisseur de sable, affecte la forme de couches inclinées de largeurs variables, et dont la figure suivante aidera à donner une idée.

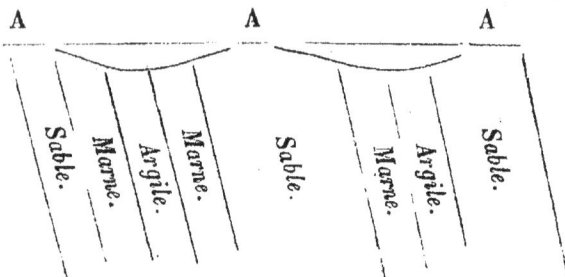

Les parties d'argile et de marne étaient primitive-
ment découvertes, mais les vents les ont couvertes des
sables voisins. On appelle terres de sable les parties telles que AAA, à sous sol également sablonneux. Sur ces
parties, la luzerne ne donne que la première coupe,
et dort pendant la saison chaude. Le fumier d'étable y
est perdu, tandis que les lupins enfouis y font obtenir
une récolte passable de seigle. C'est l'admirable propriété de cette plante, jointe à l'avantage de pouvoir
puiser, à peu de frais, dans le sol, une marne argileuse,
dont l'application, à fortes doses, fixe le sable et fait
obtenir de belles luzernes ; ce sont, dis-je, ces deux
avantages réunis qui rendent profitable la culture
de ce sol, surtout quand cette culture a pour but principal l'entretien des bêtes à laine, dont la nourriture
d'hiver est assurée par la luzerne, les pommes de terre
et les topinambours, et celle d'été, par les pâturages
éminemment secs et salubres de la *festuca ovina*.

4° *Rotations.* — M. de Wulfen a réuni dans un même
plan de culture 264 hectares de terre qui pouvaient
être propres à la production de la luzerne et des pommes de terre, soit que ces terres pussent les recevoir
immédiatement, soit qu'un plus ou moins grand nombre d'années fût nécessaire pour les préparer à la production de ces plantes, qui, depuis vingt ans, ont vu,
chaque année, leur domaine s'agrandir, à mesure que
les marnages prenaient plus d'extension, et à mesure
que les moyens de fumure devenaient plus considérables. C'est pour se ménager les moyens d'augmenter les

14

soles de luzerne, sans bouleverser les rotations établies, que M. de Wulfen, à côté de la rotation B, produisant de la luzerne, en a imaginé une autre, A, marchant de front avec elle, et composée d'un même nombre d'années; c'est sur cette rotation que se feront successivement les empiétements de la luzerne.

Ainsi, les 264 hectares suivent une rotation de neuf ans, divisée en deux parties. L'une, A, composée de 142 hectares de terre, qui se refusent aujourd'hui à la production de la luzerne, mais sur lesquels on a droit d'espérer qu'elle réussira un jour, quand les ressources de l'exploitation auront permis de l'élever au point de fécondité nécessaire par des fumures et des marnages suffisants; l'autre, B, composée de 122 hectares de terre, aujourd'hui rendus propres à la luzerne; cette partie est d'une moins grande étendue que la première, mais, chaque année, elle croît à ses dépens.

Cette seconde rotation se subdivise elle-même en deux parties, a et b. L'une, a, portant actuellement la luzerne; et l'autre b, préparant le sol à recevoir cette plante quand la rotation a cessera de la produire avec avantage.

## PITZPUHL.

*Terres capables de produire les pommes de terre et la luzerne.*

A. 142 hectares divisés en 9 soles de 15 hectares 80 ares.

1. Jachère fumée.
2. Seigle.
3. Lupins enfouis.
4. Seigle.
5. *Festuca ovina.*
6.      »
7.      »
8. Jachère marnée (60 chars).
9. Seigle.

B. 122 hectares divisés en 9 soles de 13 hectares 55 ares ; chaque sole subdivisée en 2 soles *a* et *b*, de 6 hectares 77 ares.

| *a* | *b* |
|---|---|
| 1. Pommes de terre fum. | Pommes de terre fum. |
| 2. Luzerne fumée. | Seigle d'été et *ervum. monenthus.* |
| 3.      » | Lupins enfouis. |
| 4.      » | Seigle. |
| 5.      » | Pommes de terre fum. |
| 6.      » | Avoine. |
| 7.      » | Pommes de terre. |
| 8.      » | *Ervum monenthus* (vesces-lentiles). |
| 9. Avoine | Seigle d'hiver. |

On voit bien clairement que les deux subdivisions
de la rotation B sont destinées à être substituées l'une
à l'autre après chaque période de neuf ans. C'est là la
règle ; mais la nature d'un tel sol la rend sujette à de
fréquentes exceptions. Comme il est impossible, dans
de pareils sables, d'être positivement sûr que la luzerne
se maintiendra belle pendant sept ans ; comme, d'un
autre côté, il est possible que telle partie de luzerne
placée sur une veine à sous-sol marneux, donne encore
de beaux produits au-delà de sept ans, et qu'une luzerne bien établie est un trésor qu'il faut ménager dans
de pareils sables, où tant de soins sont nécessaires pour
la faire prendre, M. de Wulfen s'est imposé la loi de
rompre, chaque année, non pas la plus ancienne luzerne, mais celle qui est la moins profitable. Il fallait,
pour cela, que la rotation voisine, destinée à recevoir
la nouvelle, eût une place toujours prête ; c'est ce qui
arrive, pourvu qu'on ait soin que la dernière année as-
signée à la luzerne à rompre, coïncide avec une année
de pommes de terre fumées de la rotation voisine ; ce
qu'il est toujours facile d'obtenir en prévoyant le cas
une année d'avance. Cette substitution se fera sans
trouble dans la production des céréales, puisque, si,
d'un côté, la jeune luzerne prend la place de la récolte
de grains qui devait venir après les pommes de terre,
d'un autre côté, la vieille luzerne rompue est immédiatement suivie d'une avoine.

On remarquera que ce n'est pas seulement dans ces
deux rotations *a* et *b* que les pommes de terre et les

céréales coïncident , ce qui permet de substituer une
rotation à l'autre sans trouble; mais , dans la rotation
A, qui a la même durée , les années de jachère , soit
morte, soit pâturée , qui , dans cette nature de terre
tiennent lieu de pommes de terre , et les années de
céréales , coïncident aussi avec les années de pommes de terre et de céréales des rotations voisines. De
sorte qu'au moyen de cette combinaison, il devient aussi
possible de transporter la luzerne dans cette rotation
A, quand cela conviendra et qu'il s'y trouvera une terre
préparée à la recevoir. Quand on aura pris cette décision avant l'hiver, il suffira de substituer au pâturage
des pommes de terre fortement fumées et marnées ,
précurseurs ordinaires de la luzerne ; et ces pommes
de terre se rencontreront avec les pommes de terre de
la rotation voisine, de sorte qu'il n'y aura pas de trouble dans les travaux. La liberté d'action était nécessaire
dans une nature de sol qui se refuse aux exigences du
cultivateur ; et cependant la culture devait être assujet-
tie à une règle générale qui assurât la régularité dans la
production et les travaux; c'est ce que M. de Wulfen a
obtenu au moyen de la combinaison de ces trois rotations, qui ont la même durée et qui marchent de front.

*Sable quartzeux impropre à la luzerne et aux
pommes de terre.*

C. 126 hectares 50 ares divisés en 10 soles de 12
hectares 65 ares.

1. Jachère marnée ou fumée.

2. Seigle.

3. Pommes de terre     Topinambours    fumés
cultivées et fumées par     (3 hectares 60 ares).
ouvriers (9 hectares).

4. Seigle d'été.     Jachère non fumée.

5. Lupins pour grai-     Seigle.
nes, semés à la volée.

6. *Festuca ovina* pour pâturage, semée dans les
lupins et le seigle.

7. 8. 9. 10. Pâturage.


DAMMFELD.

*Terres de sable très-éloignées.*

D. 72 hectares divisés en 8 soles de 9 hectares.

1. Jachère parquée, 2,000 moutons par 25 ares.

2. Seigle.

3. Lupins enfouis.

4. Seigle.

5. *Festuca ovina*, pâturée.

6. 7. 8. Pâturage.

# VORWERK.

*Ferme détachée, cultivée par bêtes de trait de Pitzpuhl; mais ayant, en propre, un troupeau de moutons de 500 têtes et 50 jeunes bêtes à cornes.*

*Les meilleures terres propres à l'avoine.*

E. 15 hectares 50 ares divisés en 5 soles de 2 hectares 70 ares.

1. Jachère, fumier de moutons.
2. Seigle.
5. Avoine.
4. Lupins enfouis.
5. Seigle.

*Encore propres à l'avoine.*

F. 122 hectares en 9 soles de 15 hectares 55 ares.

1. Seigle d'été fumé.　　5. Lupins enfouis.
2. Jachère fumée.　　　　6. Seigle.
5. Seigle d'hiver.　　　　7. *Festuca.*
4. Avoine.　　　　　　　8, 9. *Festuca.*

*Impropres à l'avoine.*

G. 151 hectares en 10 soles de 15 hectares 10 ares.

1. Jachère parquée, 2,000 moutons par 25 ares.
2. Seigle.　　　　　　　6. Seigle.
5. Jachère fumée.　　　　7. *Festuca.*
4. Seigle.　　　　　　　8. 9. 10. *Festuca.*
5. Lupins enfouis.

5° *Manière d'établir et de rompre la luzerne.*

Après l'enlèvement des pommes de terre qui ont été fumées à 52 chars de 12 quintaux et marnées à 100 chars du même poids par hectare, on conduit, en automne, sur le champ, 52 chars de fumier. On donne un labour double au moyen d'une charrue en fer sans versoir, qui, entrant dans la raie ouverte par la charrue ordinaire, en remue le fond à 8 ou 10 pouces de profondeur, sans ramener à la surface la terre de dessous. Au printemps suivant, hersage pour provoquer la germination des mauvaises herbes; passage de l'extirpateur, nouvel hersage, semis de graines de luzerne, recouvertes à la main avec des râteaux. La luzerne, à la deuxième année, est hersée énergiquement au moyen de herses à dents de fer; puis, dans l'hiver de la troisième année, recouverte, par hectare, de 64 chars de fumier de cheval, autant que cela est possible.

On rompt la luzerne, pendant l'hiver, par deux charrues qui se suivent dans la même raie; la première, qui écroûte, la deuxième, qui, pénétrant plus profondément, recouvre le gazon de terre meuble.

La *festuca ovina* pour pâturage est semée, soit dans le seigle, soit dans les lupins pour graine; rompue en automne, et ordinairement suivie d'une jachère pour seigle.

6° *Labours, fumures, semences, etc., produit des diverses rotations par hectare.*

| PLANTES CULTIVÉES dans les DIVERSES ROTATIONS. | QUANTITÉ DE | | | ÉPOQUE DE | | | PRODUIT DES DIFFÉRENTES ROTATIONS. | | | | | | | | | | | | | | | |
|---|---|---|---|---|---|---|---|---|---|---|---|---|---|---|---|---|---|---|---|---|---|---|
| | Labours | Q.r de fumier de 50 k. | Semences en hectol. et k. | Semailles. | Récoltes. | 1res Coupes des fourrages des pâturages. | GRAINS DIVERS. Hectolitres. | | | | FOURRAGE SEC ET PAILLE. Quintaux de 50 k. | | | | | RACINES. Q.r de 50 k. | | |
| | | | | | | | A B C D E F | E F G | G | A B | C D | E F | G | B | C | | | |
| Pommes de terre........ | 2 | 400 | h. l. 19,45 | Mai. | Octobre. | | | | | | | | | 515 | 139 | | | |
| Topinambours........ | 2 | 400 | 14,56 | Avril. | Mars. | | 19,45 12,13 | 15,30 12,13 | | 71,00 | 57,00 34,00 | 37,00 | | | | | | |
| Seigle d'hiver { jachère.... | 2 | 200 | 2,44 | 1er sept. | 1er août. | | | | | | | | | | | | | |
| lupins... | 1 | | 2,44 | Fin id. | | | | | | | | | | | | | | |
| v.-lentilles... | 1 | | 2,44 | 1er id. | | | | | | | | | | | | | | |
| Seigle d'été après.... | 1 | | 2,15 | Mars. | 10 août. | | 19,45 12,13 | 15,30 12,45 | | 71,00 | 57,00 34,00 | 37,00 | | | | | | |
| pom. de terre. | 2 | 150 | 2,15 | Id. | 10 id. | | 18,57 | | | | | | | | | | | |
| pâturage.... | | | | | | | | | | | | | | | | | | |
| Avoine après { luzerne.... | 1 | | 3,55 | Id. | 15 id. | | | 14,37 | | 59,00 | | | | | | | | |
| seigle........ | 1 | 150 | 3,44 | Id. | 15 id. | | 19,45 | | | | | | | | | | | |
| Vesces-lentilles....... | 1 | | 1,65 | Id. | 15 id. | | 9,74 | | | | | | | | | | | |
| Lupins pour { en ligne... | | | 2,44 | Avril. | 15 sept. | | | | | | | | | | | | | |
| graines... à la volée. | | | 3,05 | | | | | | | | | | | | | | | |
| Lupins enfouis........ | | | | 24 juin. | | | | | | | | | | | | | | |
| Luzerad............... | 2 | 1,200 | 16,560 | Mai. | | Fin mai | | | | 85,00 par hect. | | | | | | | | |
| Festuca ovina......... | 1 | 151,353 | | Janvier | | Fin avr. | | | | 8 brebis par hect. | | | | | | | | |
| Prairies ébôlées...... | | | | | | 24 juin. | | | | 1,777 en foin. | | | | | | | | |

Les pâturages dans les bois, les prairies et métairies défrichés, sont suffisants pour entretenir, pendant la saison du pâturage, 35 heures de travail, 50 à 40 jeunes bêtes à cornes de 2 à 5 ans, et 40 vaches, ces dernières recevant, en outre, un peu de nourriture à l'étable.

## 7° Animaux employés.

| Espèce. | Nombre. | Valeur moyenne par tête. | Poids par tête |
|---|---|---|---|
| Chevaux de trait........ | 16 | 582 fr. » c. | |
| **116 bêtes à cornes.** Bœufs...... id. ....... | 55 | 155 » | } 8 à 9 quint. |
| Vaches.............. | 56 | 155 » | |
| Taureaux............ | 2 | 0 » | |
| Jeunes bêtes de 2 à 3 ans. | 45 | 95 » | |
| **2.650 bêtes à laine.** Mères.............. | 600 } | | |
| Béliers............. | 50 } | 42 » | |
| Moutons............. | 500 } | | |
| Id. de 2 ans 1/2.... | 500 } Après la tonte. | 15 » | |
| Id. de 1 an 1/2..... | 500 } | | |
| Agneaux ............. | 500 | 7 64 | |

### 8° Nourriture d'hiver et d'été, par jour et par tête.

*Chevaux.* — Reçoivent toute l'année, par jour et par tête, le matin, 5 litres d'avoine et de seigle mélangés avec de la paille hachée et mouillée; à midi, de même; le soir, un litre 3/4 de grains moulus mouillés, et 4 kilogr. de foin.

*Bœufs.* — Hiver, quand il ne travaillent pas, on donne, pour les trois repas, 6 kilogr. de pommes de terr et 1/2 kilogr. de foin haché mélangé avec assez de paille hachée, pour que le tout ensemble, après avoir été légèrement humecté d'eau salée, brassé et comprimé dans des caisses, fasse un pied cube par repas et par tête. Ce mélange est servi tout chaud après trois jours de fermentation en tas; la chaleur doit être assez grande pour qu'on ne puisse pas tenir la main dans le tas, et que es pommes de terre soient tout à fait cuites; quand les bœufs travaillent on donne la même ration en volume et préparée de même, mais dans laquelle il entre le double de pommes de terre et 2 kilogr. de foin.

L'été, les bœufs vont au pâturage à 5 heures du matin ; — dans les forêts jusqu'à la Saint-Jean, et ensuite dans les marais desséchés ; — ils passent la nuit à la cour.

Il y a 5 charrues de bœufs, conduites chacune par 2 bêtes ; mais, pour chaque charrue, il y a 6 bœufs qui se relaient. 10 sont attelés le matin à 5 heures ; 10 autres à 10 heures, et 10 à 2 heures jusqu'à 7, heure à laquelle tout le troupeau est réuni pour le pâturage du soir. Le gardien conduit tout le troupeau chaque fois qu'il mène et ramène les relais.

*Vaches*, 56, *et Génisses*, 16. — Hiver, leur nourriture consiste en paille et foin hachés, que l'on arrose de résidus auxquels on a mêlé des pommes de terre cuites et écrasées.

Le fourrage sec, dans lequel le foin n'entre que pour une très-petite partie (environ 1 kilogr. par tête), est jeté dans un tonneau arrosé avec le résidu chaud ; puis, servi après un repos de 4 heures, pendant lequel il a été soigneusement couvert. Pour toutes les vaches et les génisses, on donne, par jour, le résidu de 5 hectolitres 29 litres de seigle, et de 500 kilogr. de pommes de terre. La faculté nutritive du résidu d'un hectolitre de seigle est estimée égale à celle de la moitié d'un hectolitre de grains. Bien que cette nourriture entretienne parfaitement les vaches, on a remarqué qu'elle était mangée moins avidement par elles, que le fourrage fermenté, par les bœufs.

L'été, pâturage, comme pour les bœufs; mais les vaches reçoivent toujours un peu de nourriture à l'étable.

Les jeunes mâles sont nourris dans la ferme détachée, dans laquelle on fait un dépôt de foin de prés à cet effet.

*Bêtes à laine.*

*Brebis portières.* — Le matin, 2/6 de kilogr. foin; à midi, 2/6 de kilogr. luzerne; le soir, 2/6 de kilogr. foin; à son défaut, du seigle non battu; — pour 10 têtes, 4 gerbes contenant ensemble 14 litres grains.

*Brebis nourrices.* — Dès que les brebis nourrissent, chaque repas des divers fourrages est augmenté d'un 1/3, et les 4 gerbes de seigle sont remplacées par des gerbes de vesces-lentilles. — On estime que la faculté nutritive de 2/3 kilogr. de vesces est, au moins, égale à 1 kilog. du meilleur foin.

*Moutons.* — Le matin, 2/6 kilogrammes de foin ou luzerne; en alternant, c'est-à-dire, un matin, du foin; le jour suivant, de la luzerne; à midi, 1/2 kilogr. de pommes de terre; le soir du seigle; pour 100 têtes, 5 gerbes. Ce seigle est celui qui a été ramassé avec des râteaux sur le champ, après l'enlèvement des gerbes. Il contient moitié moins de grains que l'autre seigle; c'est-à-dire, par gerbe, 1 litre 3/4.

*Jeunes animaux de deux ans et demi.* — Le matin, 1/4 kilogr. foin de pré; à midi, 1/4 kilogr. luzerne; le soir, pour 100 têtes, 5 gerbes de seigle râtelé, ou 5 gerbes de tiges de topinambours de 6 kilogr., en alternant, c'est-à-dire, un soir, le seigle, et le lendemain, les tiges de topinambours. La faculté nutritive de 2/3 kilogr. de tiges de topinambours est estimée égale à celle d'un kilogr. foin, pourvu qu'on en donne peu à la fois, et qu'on éloigne le retour des rations du même fourrage; attention qu'il faut avoir, en général, pour toutes les matières alimentaires autre que le foin.

*Jeunes animaux d'un an et demi.* — Le matin, 1/4 kilogr. luzerne; à midi, 1/2 kilogr. pommes de terre; le soir, du seigle non battu, à 5 litres 1/2 de grains par gerbe. — Pour 100 têtes, 4 gerbes.

Tous ces animaux, formant autant de troupeaux différents, passent la saison du pâturage sur les soles de *festuca ovina,* de temps en temps dans les bruyères, et, après moisson, sur les chaumes qui ne sont pas réservés aux agneaux.

*Agneaux.* — Au mois d'avril, 1/4 de kilogr., par jour, du meilleur fourrage; de même, en mai, avec légère addition de vesces-lentilles. Quand ils sont sevrés, ils reçoivent, le matin, 1/4 de kilogr. foin; à midi, de l'avoine (14 litres par 100 têtes); le soir, 1/4 de kilogr. foin. Ils ne vont au pâturage qu'après la moisson, sur les chaumes qui leur sont spécialement réservés, et dans la luzerne qui est destinée à être rompue. Ils reçoivent toujours un peu de foin, le matin, à la bergerie, pendant la saison du pâturage, et, les jours de mauvais temps, ils sont toujours nourris dedans.

9° *Produits des animaux et observations diverses.*

*Vaches.* — Tout le lait qu'elles produisent est consommé dans le ménage, à l'exception de quelques kilogr. de beurre, qui sont vendus chaque semaine. De 50 veaux, à peu près, produits annuellement, 15, environ, sont élevés, et 15, tués pour le ménage. Les vaches, de l'excellente race du Tyrol, indépendamment de ce qu'elles doivent reproduire le troupeau, doivent encore fournir à l'exploitation tous les bœufs de trait nécessaires, d'une race sobre, robuste, et qui s'entretiennent parfaitement sur de maigres pâturages.

*Jeune bétail.* — Les jeunes mâles restent à l'étable jusqu'à l'âge d'un an, époque à laquelle ils vont au pâturage; ils ne sont attelés qu'à l'âge de 5 ans, ce qui, indépendamment de ce qu'ils labourent par relais, et jamais jusqu'à la grande fatigue, leur assure une bonne constitution. Les génisses restent à l'étable jusqu'à l'époque où elles reçoivent le taureau, à deux ans. Tout le jeune bétail, assez fort pour aller au pâturage, forme un troupeau, à part, dans la ferme détachée (Vorwerk).

*Bœufs.* — Les bœufs de réforme sont envoyés pour être engraissés dans un autre domaine de 452 hectares, appartenant à M. de Wulfen; les terres en sont très-riches.

*Bêtes à laine.* — 10 Têtes donnent, en moyenne, 11 kilogr. de laine; chaque tête d'agneau donne, à peu près, 370 grammes. La laine a été vendue, en 1859, à une fabrique de Burg, 64 fr. 94 c. les 11 kilogr., soit 5 fr. 90 c. le kilogr.

On vend annuellement, à l'entrée de l'hiver, 150 brebis de réforme, et 200 moutons à 9 fr. 50 c. par tête.

10° On n'emploie, pour litière, que la paille produite par les rotations.

*Questions complémentaires.*

11° Quelle charrue? — Celle de Schwertz.

12° Quelle profondeur de labour? — Profondeur ordinaire, 5 pouces.

13° Nombre de bêtes à la charrue? — 2 chevaux ou 3 bœufs.

14° Combien de personnes à la charrue? — Une seule.

15° Quelle étendue, labourée en 1 jour? — 45 ares 18 centiares.

16° A quelle époque du printemps peut commencer le labour? — Milieu de mars.

17° A quelle époque de l'automne s'interrompt le labour? — Fin de novembre.

18° Quelle influence ont les labours d'automne? — On ne voit pas d'influence sensible du labour d'automne sur les récoltes qui suivent. Le principal avantage qu'on trouve aux cultures d'automne, c'est qu'elles diminuent d'autant celles de printemps, qu'il importe tant de faire promptement dans ce sol qui perd si vite son humidité.

19° Quels sont les autres instruments en usage ? — Herses à dents de fer et de bois, charrue fouilleuse, en fer, sans versoir, extirpateurs, houes à cheval, rouleaux.

20° Combien d'animaux attelés à un char? — Deux.

21° Poids du char de fumier, marne, fourrage sec? — 12 quintaux de 50 kilogr.

22° Combien d'heures de travail? — Dans les jours longs, 11 heures; dans les courts, 10 heures.

25° Nombre de jours de travail effectif dans l'année ? — Pour les gens et les bêtes, 300 jours.

24° Distance moyenne des terres? — 1,200 mètres.

25° Y a-t-il quelque fabrique dans les environs? — Dans l'exploitation, une petite distillerie, qui travaille 5 hectolitres 29 litres de seigle par jour, pendant 7 mois, et une petite brasserie, qui travaille 5 hectolitres 29 litres d'orges, toutes les 2 semaines.

26° Combien les fabriques paient-elles les produits ? — M. de Wulfen ne les avait établies que pour en avoir les résidus, qui utilisent la paille : il a reconnu que ces résidus lui revenaient souvent un peu cher.

27° Nombre et distance des marchés ? Burg, distant de 7 kilomètres 1/2, et Magdeburg, distant de 2 myriamètres. M. de Wülfen y vend du seigle pour semence.

28° Prix moyens des produits au marché? — L'hectolitre seigle, 9 fr. 50 c. — L'avoine, 5 fr. 67 c. — Le quintal, de 50 kilogr. de pommes de terre, 0 fr. 78 c. — Le kilogr. de beurre, 1 fr. 60 c. — Le kilogr. d'eau-de-vie de seigle, 55 c.

*Frais de culture.*

29° Prix moyen des terres? — Un domaine de 452 hectares, situé dans le voisinage, bâtiment garni des récoltes de l'année, ayant 10 chevaux, 40 bêtes à cornes, 900 bêtes à laine, un mobilier d'exploitation, estimé 5,750 fr., jouissant d'une rente perpétuelle de 458 fr., payant pour impôt foncier, 76 fr. 40 c., est vendu, aujourd'hui 114,600 fr.

30° *Nombre des employés et leurs gages.*

| | fr. | c. |
|---|---|---|
| 1 Werwalter, payé | 458 | 40 |
| 1 Maître-valet. | 152 | 80 |
| 8 Valets de charrue | 977 | 92 |
| 1 Chef laboureur de bœufs. | 114 | 60 |
| 4 Valets de bœufs. | 505 | 60 |
| 1 Gardien de bœufs. | 114 | 60 |
| 1 Gardien de vaches. | 114 | 60 |
| 1 Valet de bétail | 114 | 60 |
| 1 Valet de jeune bétail. | 114 | 60 |
| 1 Fille pour vaches, veaux et génisses | 84 | 04 |
| Total. | 2,551 | 76 |

Tous ces employés qui sont nourris, sont pour la plupart, mariés et logés, avec leurs familles, dans de petites maisons appartenant à M. de Wulfen. On estime que la dépense en nourriture et entretien va, à peu près, par jour, à 1 fr. 10 c. Il y a de plus 1 maître berger, ayant sous ses ordres 4 autres bergers, qui sont nourris chez lui. Le maître-berger a une maison, un jardin, avec le fumier qui lui est nécessaire; il a le droit de tenir 5 vaches dans le troupeau, et reçoit assez d'orge pour nourrir 2 ou 3 cochons; il a, de plus, chaque année, la jouissance de 45 ares 18 centiares fumés pour planter des pommes de terre; il lui est donné assez de seigle pour que chaque homme ait, par jour, 1 kilogr. de pain; les 4 chiens, 3 kilogr. Les 5 bergers reçoivent, pour salaire, le 8e du produit net annuel des troupeaux; de ce 8e, le maître-berger a 1/3, et les 4 autres, les 2/3. Pour évaluer ce produit net, on ne compte comme dépense que le seigle, à 7 fr. l'hectolitre, et les pommes de terre, dont 11 quintaux sont considérés comme valant 1 hectol. de seigle.

31° *Nombre d'ouvriers employés. — Prix de la journée avec ou sans nourriture.*

12 Ouvriers mariés, logés gratuitement dans de petites maisons, font tous les travaux au prix de 65 c. par jour; ils moissonnent à la faux, à l'accord, et reçoivent 65 c. pour 68 ares, étendue qu'un ouvrier

est présumé devoir moissonner en 1 jour. Si dans la journée, ils font plus de 68 ares par homme, le surplus leur est payé 2 fr. 15 c. par hectare. Le maître-valet est toujours avec les moissonneurs, soit pour les activer, soit pour reconnaître l'ouvrage fait. Ces ouvriers battent, l'hiver, pour le 14°. Indépendamment de leur logement gratuit dans les petites maisons appartenant à M. de Wulfen, ils jouissent de plusieurs avantages qui portent le prix réel de leur journée à 1 fr., au moins. Outre ces 12 ouvriers, logés dans le village, on en emploie 4 à 5 des villages voisins, qui reçoivent 95 c. par jour : ce sont eux qui travaillent à la marne, l'hiver, avec les gens à gage.

Une vingtaine de femmes, soit des gens à gage, soit des ouvriers logés, sont occupées à peu près toute l'année, sortent le fumier ; elles reçoivent 48 c. par jour, et ont le droit de prendre dans la forêt, en certains jours, le bois mort pour leurs ménages.

52° Achète-t-on des engrais, etc. ? — Non.

55° Valeur des bâtiments d'exploitation, etc. ? — 76,400 fr., en y comprenant 16 petites maisons d'ouvriers.

54° Quelle somme pour leur entretien ? — 1,910 f.

55° Valeur du mobilier d'exploitation ? — 6,876 f.

56° Combien coûte par an son entretien ?

37° Chiffre de l'impôt foncier ? — Pour l'État, 114 fr. 60 c.

58° Assurances ? — Bâtiments, 505 fr. 60 c ; autres, 194 fr.

59° Y a-t-il dîme? — Exempts.

40° Jouit-on de la dîme? — Non.

41°-42° Corvées? — Non.

# COMPTABILLLÉ AGRICOLE.

EXTRAIT DU MOT D'AVIS PUBLIÉ EN 1839.

Si je dois à la méditation des vérités agricoles d'avoir été conduit à faire choix d'un assolement où les plantes fourragères occupent une large place, c'est, je le répète, à la comptabilité seule que je dois d'avoir trouvé l'acheteur le plus avantageux de ces fourrages. Sans elle je serais peut-être bien arrivé avec le temps à soupçonner que, dans les circonstances où je me trouvais, il me serait avantageux d'engraisser des bœufs ; mais qu'il y eût perte pour moi de fr. 2 par 100 kil. de fourrage consommé par d'autres animaux, c'est ce que la comptabilité seule pouvait m'apprendre. A elle encore je dois, non pas de croire, mais d'être sûr qu'il y a plus de véritable économie à labourer à 15 pouces qu'à 6 un sol naturellement profond , et que sur des terres fouillées profondément une fumure de fr. 100 est, en dernier résultat, moins chère qu'une fumure de fr. 50 ; en un mot, il n'y a point en agriculture de produits dont la comptabilité en parties doubles ne puisse dire le prix de revient, et conséquemment le profit ou la perte qu'on doit en attendre. Une méthode simple, qui rendra facile son adoption dans l'industrie agricole , est donc une chose bonne à faire connaître :

c'est ce qui m'a décidé à ne pas différer plus longtemps à publier celle que j'ai suivie jusqu'à présent avec succès.

Je ne prétends pas ici expliquer le mécanisme de la comptabilité agricole ; ceux qui ne la connaissent pas pourront en étudier tous les détails dans le deuxième volume des annales de Roville, en attendant que leur illustre auteur veuille bien publier le traité complet qu'il a composé sur la matière.

Ce que je viens donner ici comme m'étant particulier, c'est le modèle du livre de notes journalières (Tabl. N° 1), qui jusqu'à présent m'a dispensé de la tenue de 20 livres auxiliaires jugés nécessaires à Roville, pour embrasser les détails de toutes les opérations agricoles. J'y ai ajouté seulement un livre de caisse (Tabl. N° 4) où toutes les dépenses, recettes, conventions, sont inscrites pêle-mêle et cependant nettement distinguées par des mots d'ordre ; plus un tableau d'assolement (Tabl. N° 5) en tout semblable à celui de Roville. Il suffira d'une petite fraction de tableau sans explication, pour donner une idée complète de ces deux derniers livres aux personnes qui ne les connaissent pas. Quant aux livres de notes journalières sur lesquels j'appelle principalement l'attention du lecteur, j'ai cru utile d'en présenter le modèle exact. L'extrait que je donne ici, copié sur mes livres, comprend toutes les opérations qui ont eu lieu dans la ferme du 2 au 8 octobre. Si je l'ai fait suivre de la copie textuelle des mêmes articles passés au journal (Tabl. N° 2) et au grand-

livre (Tabl. N° 3 ), c'est pour démontrer, comme il
sera facile de s'en convaincre par un examen attentif,
qu'il n'est pas une dépense, pas une opération devant
figurer dans ces deux livres indispensables, qui n'aient
été puisées dans le livre journalier; toutes y trouvent
leur place, de quelque espèce qu'elles soient. On verra
qu'une seule page renferme une semaine entière, et
dans cette page quelques lignes suffisent à l'inscription
de tout ce dont on aura besoin plus tard pour passer
les articles au journal. Je n'ai jamais eu à me départir
de cette méthode depuis 4 ans que je la mets en pratique. A la fin d'une journée consacrée aux travaux du
dehors, souvent harassé de fatigue, il m'a suffi de 5
à ... minutes au plus pour coucher sur mon registre le
travail de la journée. S'il m'eût fallu, chaque soir,
consigner toutes mes opérations dans les divers livres
auxiliaires jugés indispensables à Roville et à Grignon,
et qui le sont réellement dans une très-grande exploitation ; s'il m'eût fallu méditer sur le créancier et le
débiteur, et dans le cours de mes travaux, passer mes
articles au journal et de là au grand-livre, j'aurais dû,
à l'exemple de beaucoup de cultivateurs bien intention-
nés que je connais, renoncer aux précieux avantages
de la comptabilité en parties doubles, la seule qui
puisse éclairer sur sa situation l'industriel agricole ou
autre qui opère avec des capitaux.

Je pourrais citer plus d'un propriétaire exploitant,
mais ne résidant pas habituellement dans sa propriété,
qui, ne pouvant se reconnaître dans les notes informes,

et confuses de son maître-valet, a remis entre ses mains, à ma sollicitation, mon cahier de notes journalières ; il est rare qu'il m'ait fallu plus d'une journée pour le mettre parfaitement au fait de la manière de le tenir, et après l'inscription de quelques semaines, tous, je parle des propriétaires, ont compris qu'ils pourraient à la ville, dans leurs loisirs de l'hiver, dresser en quelques jours leur comptabilité à parties doubles à l'aide d'un teneur de livres, qui ne serait rigoureusement nécessaire que peu de temps pour balancer les comptes.

Il faut avoir été dans la même position que moi depuis 9 ans, seul, sans aide au milieu de mes journaliers, poussé en avant par la ferme volonté de réussir dans mon entreprise agricole, et par la persuasion que, si je réussais, d'autres réussiraient aussi, pour comprendre que j'ai dû chercher avant tout à me faire une méthode qui, sans me distraire un seul instant de mes travaux, je pourrais dire de mon labeur, me permettrait d'attendre le repos de l'hiver pour dresser ma comptabilité sans laquelle, je le répète, j'aurais fortement risqué de faire fausse route, et sans laquelle encore il m'eût été impossible de satisfaire au besoin le plus impérieux de mon cœur, celui d'aider de mon quelque peu d'expérience les jeunes gens qui sont entrés après moi dans la noble, et je le dis avec confiance, dans la profitable carrière de l'agriculture, et soit dit en passant, pour eux comme pour toutes les personnes qui, faisant de l'agriculture leur principale occupation,

le désireront dans un but sérieux, mes livres seront
toujours ouverts ; de même que je ne reconnais aucune
vérité agricole, si elle n'a été constatée par une bonne
tenue de livres, de même je ne demande aucune créance
avant l'examen sérieux de ma comptabilité.

### Observations sur le livre journalier.

Tous les travaux de ma ferme, même ceux exécutés
par mes domestiques, sont supposés faits à la journée.
Le gage que je paie à ceux-ci, ajouté à ce que leur
nourriture et leur coucher me coûtent, forme une
somme qui, divisée par 300, nombre de jours de travail, me donne le prix de leur journée. Ainsi la journée du domestique, qui me coûte fr. 450, me revient
à fr. 1,50. Le nom de chaque ouvrier est suivi du
prix de sa journée. Suivant la pratique de Roville, la
journée est divisée par centièmes pour la facilité des
calculs. 55 indique la moitié, 75 les 3/4, et 25 le
quart, etc. Chaque jour de la semaine a 2 colonnes
qui lui sont affectées : la première, la plus étroite,
reçoit en regard du nom de l'ouvrier la quantité de
temps qui a été employée par lui ; c'est la seule que
l'on consulte, quand on doit le payer : la seconde reçoit l'indication du genre de travail auquel l'ouvrier a
été employé ; c'est la seule à laquelle on ait recours,
quand, à la fin de chaque semaine, ou même seulement à la fin l'année, on veut dresser le tableau de
dépouillement qui occupe la droite du registre : travail qui consiste à additionner toutes les journées, frac-

tions de journées., heures de travail de bêtes de trait
que chaque compte a occasionnées, pour en porter la
somme à son débit.

Je viens de parler d'heures de travail, c'est que pour
les chevaux et les bœufs je ne compte pas par journées,
mais par heure, évaluée pour les chevaux à fr. 0, 20,
et les bœufs fr. 0 15 (1). Deux lignes au bas du registre
sont destinées à recevoir, chaque soir, l'inscription du
nombre d'heures employées à l'objet de chaque compte,
qui sera débité d'abord dans le tableau de dépouillement, et ensuite, dans le journal, de tout le travail
qu'il aura exigé dans la semaine. Mais, je le répète,
ce dépouillement dont il devra être passé écriture au
journal se fera, quand on en aura le loisir, en temps
de pluie ou d'hiver. La seule chose qu'il importe de
consigner chaque soir, c'est d'abord le travail des
hommes et des animaux, puis ensuite la rentrée et la
sortie des fourrages et grains, la sortie et l'emploi des
fumiers. Une petite place tout au bas de la colonne de
chaque jour est destinée à recevoir ces notes brèves,
que 2 minutes suffiront pour inscrire, et qui seront
en temps opportun portées en résumé dans le tableau
de gauche, sous des mots d'ordre qui en rendront
l'inscription facile au journal. C'est dans ce même tableau que sont portés, à loisir aussi, les articles du
livre de caisse qui ont trait à l'exploitation.

(1) Une preuve que cette évaluation est bien près de la vérité, c'est que
cette année le compte des chevaux et des bœufs s'est à peu près balancé
sans bénéfice ni perte.

Reste maintenant à consigner le chiffre exact de la consommation faite par le bétail. Un petit tableau, au coin droit du registre, remplit parfaitement cet objet. La consommation n'est pas inscrite chaque soir, mais seulement chaque semaine, et cela devient facile au moyen d'expériences rigoureuses continuées pendant plusieurs jours, aux trois différentes époques de changement de nourriture : maïs, luzerne verte, foin et betteraves. Ainsi, si, au commencement de la période de nourriture en maïs, j'ai reconnu que chacun de mes bœufs en consommait en moyenne 75 kil. par jour, je multiplie ce chiffre par le nombre de jours d'entretien d'une tête, et je porte ce résultat à la colonne intitulée *Maïs*, et de même pour tous les autres animaux et pour différentes nourritures. On trouve à l'angle gauche du registre, sous ce titre *Notes*, un exemple de la manière dont je constate la consommation à différentes époques.

Pour l'intelligence de la petite colonne qui indique dans le tableau de consommation le nombre de jours d'entretien d'une tête ; et particulièrement pour l'intelligence du chiffre 68, désignant le nombre de jours d'entretien d'un bœuf, je dois expliquer qu'au commencement de la semaine il y avait 8 bœufs, que l'on en a entré 5 le mardi, et sorti 4 le jeudi, comme cela est noté à la fin des journées des 3 et 5. Or,

8 bœufs pendant 2 jours font 16 ⎫
14     »     2    »  22 ⎬ 68 j. d'entret. d'une tête.
10     »     3    »  30 ⎭

A côté de la consommation du bétail figure sa production en heures de travail, viande, lait et fumier, de manière qu'il est facile d'apercevoir, d'un seul coup d'œil et à chaque instant de l'année, le débit et le crédit de chacun des animaux de la ferme; ce qui permet de reconnaître de suite combien ils paient le fourrage et combien ils vendent le fumier. Les bœufs sont pesés chaque semaine, et le fumier sorti tous les samedis.

En *résumé*, consignation en quelques mots des opérations et travaux de la journée (*colonnes verticales*), voilà pour le travail de chaque jour qui peut être fait par le maître-valet.

Tableaux où se résument, 1° le travail des hommes et des bêtes de trait (*Tabl. de droite*); 2° la rentrée et sortie des récoltes, l'emploi des fumiers et les opérations de la caisse (*Tabl. de gauche*); 3° la consommation du bétail (*Tabl. du bas à droite*); voilà pour le travail des jours de loisir du propriétaire.

Enfin copie exacte de ces trois différents tableaux, ce qui constitue le journal dont le grand-livre lui-même n'est que la reproduction fidèle; voilà au besoin pour le teneur de livres.

En examinant ces différents livres, on verra qu'il n'y a absolument que deux articles de dépenses qui n'y figurent pas; je veux parler de celles des frais généraux et du loyer des terres.

On sait que l'on comprend sous le nom de *frais généraux* toutes les dépenses qui ne s'appliquent à aucun

compte particulier, comme, par exemple, les clôtures,
fossés d'écoulement, impôts, intérêts du capital cir-
culant, un dixième des améliorations foncières, frais
d'administration et de ménage de l'exploitant; or, tous
ces comptes particuliers, l'intérêt du capital excepté,
figurent, chargés des frais qui les concernent, dans les
deux tableaux de dépouillement à la gauche et à la
droite du registre. Additionner les différentes sommes
portées au débit de ces comptes, c'est former celui de
frais généraux. La valeur du mobilier et du bétail,
constatée à la fin de chaque année par l'inventaire,
donne le chiffre de l'intérêt du capital, le seul qui
manque pour compléter le compte de frais généraux.

Quant aux frais de loyer à porter chaque année au
compte des différentes récoltes, je donne le modèle
d'un petit tableau (*Tabl. N° 6*) que l'on dresse à cet
effet à la fin de chaque année, d'après le livre de l'assolement. Comme plusieurs récoltes, qui ne figurent
pas encore dans les comptes de l'année, devront pro-
fiter d'une portion des engrais, mis à la charge des
plantes auxquelles la fumure a été donnée, et qu'il est
juste de décharger celles-ci de cette portion, j'ai joint
au tableau qui fait connaître la part du loyer imputable
à chaque récolte, un petit tableau en 4 colonnes, in-
diquant aussi la part de fumure dont la plante fumée
doit être déchargée, c'est-à-dire créditée. Un compte,
appelé *engrais en terre*, qui a sa place au grand-livre,
recevra à son débit cette portion non employée, et en

sera dépositaire jusqu'à ce qu'elle lui soit reprise pour être reportée au compte des récoltes à venir, auquel cas il en sera crédité.

| | |
|---|---|

**MODÈLE DU JOURNAL.**

—— 3 *octobre* 1837. ——

TABLEAU N° 2.

Bœufs    à    caisse
Acheté 3 bœufs,                                              576   »

*5 octobre.*

Caisse    aux    suivants.
A bœufs, vendu 4 bœufs,                        1104   »
A grains-mag., vendu 2 boiss. seigle à f. 3,25.   6  50  1110 50

*7 octobre.*

COPIE

Fourrages-magasin    aux    suivants.
A maïs-fourrage entré k. 6,000, à f. 2 les 100 k.,  120   »
A trèfle 1838    »    2,250    6   »   135   »   255   »

DU

Les suivants    à    fumier.
Blé 1838, conduit 22 chars, à f. 4,   88   »
Seigle 1838,   »   2   »   8   »   96   »

TA LEAU

DE

Grains-magasin    à    noix.
Entré 20 boiss., à f. 2,   »   »   40   »

GAUCHE.

Les suivants    à    grains magasin
Blé 1838, semé 15 boiss., à f. 5,   75   »
Seigle 1838   »   10   »   3 50.   35   »   110   »

TABLEAU 1.

Main-d'œuvre    à    caisse.
Payé pour journées de la semaine,   »   »   80  50

Ménage    à    grains-magasin.
Livré 20 boiss. froment, à f. 5,   »   »   100   »

Les suivants    à    caisse.
Impôts, payé 1/12° d'impôt,   25   »
Fossés, payé 200 mètres fossés, à f. 0,10,   20   »   45   »

COPIE

Chevaux    à    fourrages-magasin.
Foin k. 310, à f. 6 les 100 k.,   18  60
Paille k. 56,   »   3   »   1  70   20  30

DU

Bœufs    à    fourrages-magasin.
Maïs-fourrage k. 5,100 f. 2 les 100 k.,   102   »
Paille   k.   680 » 3   »   20  40   122  40

TABLEAU

DE

Vaches    aux    suivants.
A fourr.-mag., maïs-fourr. k. 600, f. 2 les 100k.   12   »
Paille   k.   80, » 3   »   2  40
A drèche,   100, » 1,75 »   1  75   16  15

CONSOM-
MATION.

Fumier    aux    suivants.
A chevaux, k.   715, f. 0,50 les 100 k.
A bœufs,   k. 5,120   »   »   5  60
A vaches,   k.   420   »   »   15  60
   2  10   24  30

TABLEAU N° 1.

Ménage    à    vaches.
100 litres de lait, à f. 0,20,   20   »

```
                    7 octobre 1837.
          Les suivants    à    main-d'œuvre.
          Bétail, relevé de la semaine,         2  85
          Blé 1858,                            44  40
          Seigle 1838,                          2  50
          Maïs-fourrage,                        5  50
          Mobilier,                             1   »
          Frais généraux,                       »  40
          Améliorations foncières,              5  60
COPIE     Noix,                                 4  35
          Trèfle 1838,                          6  75
  DU      Ménage,                               »  85
          Grains-magasin,                       »  35
TABLEAU   Chevaux,                              »  75
                                                1   »
  DE      Fumiers,                              2  75
          Mûriers,                              »  50
DÉPOUIL-  Jardin,                               »  75
          Drèche,                               »  75    80  50

LEMENT       Les suivants    à    chevaux.
          Blé 1838, relevé de la semaine,      13   »
TABLEAU   Seigle 1838,                          3  60
          Maïs-fourrage,                        »  80
 N 4.     Trèfle 1838,                          1  20
          Drèche,                               1   »    19  60

             Les suivants    à    bœufs.
          Blé 1838, relevé de la semaine,      27  90
          Seigle 1858,                          3  60
          Maïs-fourrage,                        »  90
          Trèfle 1838,                          »  60    33   »
```

TABLEAU Nº 3.       **MODÈLE DU GRAND-LIVRE.**

|  | | DOIT. | CAISSE. | | | | AVOIR. |
|---|---|---|---|---|---|---|---|
| 1837 oct. | 5 | A divers, | 1110 50 | oct. | 5 | Par bœufs, | 576 » |
| | | | | | 8 | Par main-d'œuvre, | 80 50 |
| | | | | | » | Par divers, | 45 » |

CHEVAUX.

|  | | | | | | | |
|---|---|---|---|---|---|---|---|
| oct. | 7 | A fourrages-magasin, | 20 30 | oct. | 7 | Par fumier, k. 715; à f. 0,50, | 360 |
| | » | A main-d'œuvre, | 75 | | » | Par divers. 98 heures de travail, à f. 0,20, | 19 60 |

BŒUFS.

|  | | | | | | | |
|---|---|---|---|---|---|---|---|
| oct. | 5 | A caisse, acheté 5 bœufs, | 576 » | oct. | 5 | Par caisse, vendu 4 bœufs, | 1104 » |
| | 7 | A fourrages-magasin, | 122 40 | | 7 | Par fumier, k. 5120, à f. 0,50, | 15 60 |
| | » | A main-d'œuvre, | 2 85 | | » | Par divers, 220 heur. de travail, à f. 0,15, | 33 » |

### VACHES.

| | | | | | | | |
|---|---|---|---|---|---|---|---|
| oct. | 7 A divers, | 16 | 15 | oct. | 7 Par fumier, k. 420, | 2 | 10 |
| | | | | » | Par méne, 100 l. Init. | 20 | » |

### GRAINS-MAGASIN.

| | | | | | | | |
|---|---|---|---|---|---|---|---|
| oct. | 7 A noix, entré 20 bois- | | | oct. | 5 Par caisse, 2 boiss. | | |
| | seau, à f. 2. | 40 | » | | seigle, à f. 5,25. | 6 | 50 |
| | » A main-d'œuvre, | » | 55 | | 7 Par divers, 15 boiss. | | |
| | | | | | from., 10 b. seigle, | 110 | » |
| | | | | | » Par ménage 20 boiss. | | |
| | | | | | froment, à f. 5, | 100 | » |

### FOURRAGES-MAGASIN.

| | | | | | | | |
|---|---|---|---|---|---|---|---|
| oct. | 7 A divers, maïs k 6000, | | | oct. | 7 Par chevaux, | 20 | 30 |
| | trèfle 2250, | 255 | » | | » Par bœufs. | 122 | 40 |
| | | | | | » Par vaches. | 14 | 40 |

### MAÏS-FOURRAGE.

| | | | | | | | |
|---|---|---|---|---|---|---|---|
| oct. | 7 A main-d'œuvre, | 5 | 50 | oct. | 7 Par fourrages-mag», | 120 | » |
| | » A chevaux, | » | 80 | | | | |
| | » A bœufs, | » | 90 | | | | |

### TRÈFLE 1858.

| | | | | | | | |
|---|---|---|---|---|---|---|---|
| oct. | 7 A main-d'œuvre, | 6 | 75 | oct. | 7 Par fourrages-mag», | 155 | » |
| | » A chevaux, | 1 | 20 | | | | |
| | » A bœufs, | » | 60 | | | | |

### BLÉ 1858.

| | | | |
|---|---|---|---|
| oct. | 7 A fumier, 22 chars, | | |
| | à f. 4, | 88 | » |
| | » A grains-magasin, | | |
| | 15 boiss., à f. 5, | 75 | » |
| | » A main-d'œuvre, | 44 | 40 |
| | » A chevaux, | 15 | » |
| | » A bœufs, | 27 | 90 |

### SEIGLE 1858.

| | | | |
|---|---|---|---|
| oct. | 7 A fumier, 2 chars, | | |
| | à f. 4, | 8 | » |
| | » A grains - magasin, | | |
| | 10 boiss., f. 5,50 | 55 | » |
| | » A main-d'œuvre, | 2 | 50 |
| | » A chevaux, | 5 | 60 |
| | » A bœufs, | 5 | 60 |

### FUMIER.

| oct. | 7 A divers, k. 4255, | 21 | 30 | oct. | 7 Par divers, 24 chars, à f. 4, | 96 | » |
| | » A main-d'œuvre, | 1 | » | | | | |

### DRÈCHE.

| oct. | 7 A main-d'œuvre, | » | 75 | oct. | 7 Par vaches, | 1 | 75 |
| | » A chevaux, | 1 | » | | | | |

### ENTRETIEN DU MOBILIER.

| oct. | 7 A main-d'œuvre, | 1 | » |

### FRAIS GÉNÉRAUX.

| oct. | 7 A main-d'œuvre, | » | 40 |

### AMÉLIORATIONS FONCIÈRES.

| oct. | 7 A main-d'œuvre, | 5 | 60 |

### NOIX.

| oct. | 7 A main-d'œuvre | 4 | 35 | oct. | 7 Par grains-magasin, 20 boiss., à f. 2, | 40 | » |

### MÉNAGE.

| oct. | 7 A main-d'œuvre, | | » | 85 |
| | » A grains-magasin, 20 boiss. froment, f. 5, | 100 | » | |
| | » A vaches, 100 l. lait, | 20 | » | |

### MÛRIERS.

| oct. | 7 A main-d'œuvre, | 2 | 75 |

### JARDIN.

| oct. | 7 A main-d'œuvre. | » | 50 |

### MAIN-D'ŒUVRE.

| oct. | 7 A caisse, | 80 | | oct. | 7 Par divers, | 80 | 50 |

### IMPÔTS.

| t. | 7 A caisse, 1 12e, | 25 | » |

Carte du centre de la Dombes relevée sur la carte du Dépôt de la Guerre
comprenant l'étendue de 3 à 4 lieuenes

Échelle pour la carte

Carte de la partie méridionale de la Dombes

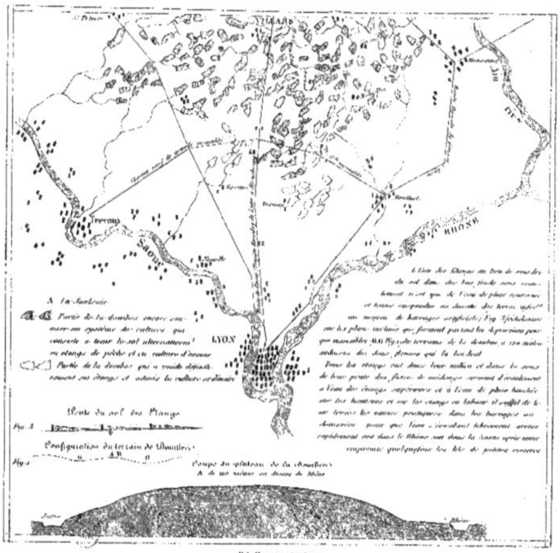

RHONE

LYON

A La Sardière

Partie de la dombes encore couverte en espèces de cultures qui concourt à tenir le sol alternativement en étang de pêche et en culture d'aoune

Partie de la dombes qui a resté épuisé souvent en étang et autorise la culture ordinaire

Pente du sol des Étangs
Fig 3

Configuration du terrain des Dombes
Fig 4

Coupe du plateau de la Dombes
de la mer intérieure au dessus du Milieu

Échelle pour la carte

FOSSÉS.

| oct. | 7 | A caisse, 200 mèt. à f. 0,10. | 20 | » | | | | |
|------|---|------|----|---|---|---|---|---|

TABLEAU Nº 4.  **MODÈLE DU LIVRE DE CAISSE.**

| MOTS D'ORDRE. 1857 oct. | DATES. | | RECETTE | DÉPENSE |
|---|---|---|---|---|
| Bœufs. | 5 | Acheté 5 bœufs de Giraud , ci. . . . | | 576 » |
| Bœufs. | 5 | Vendu à Bouvier 4 bœufs qu'il m'a payés , ci. . . . . . . . . . . . | 1104 » | |
| (Bouvier.) | » | Convenu qu'il en prend un aujour- d'hui et les trois autres lundi, 9 courant. S'il les laisse chez moi au-delà de ce terme , il me paiera f. 1 par jour par bœuf. | | |
| Impôts de Pei- zieux | 7 | Payé au percepteur 1 12ᵉ des impôts à la charge du domaine, ci. . . . | | 25 » |
| Fossés-Jean. | 7 | Payé à Jean 200 mètres fossés d'écou- lement, à f. 0,10 le mètre, ci . . . | | 20 » |
| Main-d'œuvre | 8 | Payé à divers les journées de la se- maine , ci . . . . . . . . . . . . . | | 80 50 |

TABLEAU Nº 5.  **TABLEAU D'ASSOLEMENT (1).**

| TERRE D'IZELEY (5 hectares). | | |
|---|---|---|
| 1ʳᵉ partie , 2 hectares. | 2ᵉ partie , 1 hectare. | 5ᵉ partie, 2 hectares. |
| Du 1ᵉʳ au 5 juin, labouré pommes de terre de | et planté 11 gerlées Rohan. | Du 4 au 6 juillet, récolté 480 gerbes de seigle. Du 7 juillet au 1ᵉʳ août, conduit 50 voit. fumier; labouré et semé 16 boiss. maïs pour fourrage. |
| Du 5 au 5 août , | sarclage. | Du 2 septemb. au 25 oct., rentré 1,500 q. maïs vert |
| Du 17 au 20 oct., récolté | 850 gerlées, soit k. 68,000. | |
| Du 20 au 22 oct., labouré | et semé 24 boiss. seigle. | |

(1) Chaque pièce de terre a un tableau semblable à celui-ci, où chaque subdivision de la même pièce à sa colonne. Tous ces tableaux sont réunis en un même cahier.

TABLEAU N° 6.  DISTRIBUTION AUX DIVERSES RÉCOLTES

DE L'OSIER, DES TERRES ET DES ENGRAIS SUIVANT LE LIVRE D'ASSOLEMENT.

| NATURE DES RÉCOLTES. | DÉNOMINATION DES PLACES. | SUPERFICIE. | | LÉTAT DES TERRES 1857. | | | | ENGRAIS EN TERRE, DISTRIBUTION AUX DIVERSES RÉCOLTES. | | | OBSERVATIONS. |
|---|---|---|---|---|---|---|---|---|---|---|---|
| | | Clôt. Poit. | Récolte. | Année. | à f. 120 Somme. | Année. | à f. 98 Somme. | Nombre de voitures conduites à f. 4. | Engrais en terre, Béqui... de la récolte de 1857. | Crédit de 1857. | Débiteurs probables de l'engrais en terre. |
| Betteraves | | 3 3 | | 1 | 240 | 1 | 100 | 100, f. 400, | f. 200, | f. 200, f. 4.200, | Blé 1838 et luzerne. Blé. |
| | | | | | | | | 70, | f. 140 | f. 140 f. 1.140 | |

www.ingramcontent.com/pod-product-compliance
Lightning Source LLC
Chambersburg PA
CBHW071627200326
41519CB00012BA/2196